myBook+

Ein neues Leseerlebnis

Lesen Sie Ihr Buch online im Browser – geräteunabhängig und ohne Download!

Und so einfach geht's:

- Gehen Sie auf **https://mybookplus.de**, registrieren Sie sich und geben Sie Ihren Buchcode ein, um auf die Online-Version Ihres Buches zugreifen zu können
- **Ihren individuellen Buchcode finden Sie am Buchende**

Wir wünschen Ihnen viel Spaß mit myBook+!

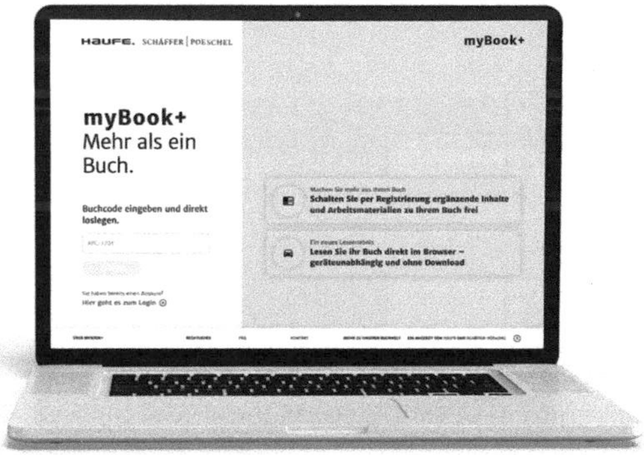

Verantwortung führt!

Thorsten Knobbe

Verantwortung führt!

Ein neues Führungsverständnis für die moderne Arbeitswelt

1. Auflage

Haufe Group
Freiburg · München · Stuttgart

Bibliografische Information der Deutschen Nationalbibliothek

Die Deutsche Nationalbibliothek verzeichnet diese Publikation in der Deutschen Nationalbibliografie; detaillierte bibliografische Daten sind im Internet über http://dnb.dnb.de/ abrufbar.

Print: ISBN 978-3-648-17656-6 Bestell-Nr. 13140-0001
ePub: ISBN 978-3-648-17657-3 Bestell-Nr. 13140-0100
ePDF: ISBN 978-3-648-17658-0 Bestell-Nr. 13140-0150

Thorsten Knobbe
Verantwortung führt!
1. Auflage, Juni 2024

www.haufe.de
info@haufe.de

Bildnachweis (Cover): © AndriiYalanskyi, iStock

Produktmanagement: Mirjam Gabler
Lektorat: Ursula Thum, Text+Design Jutta Cram, Augsburg

Inhaltsverzeichnis

Vorwort ... 11

1 Zur Situation ... 13

2 Führung ist notwendig – und zunehmend in Not ... 19
2.1 Verstehen wir überhaupt, was Führung ist? ... 19
2.2 Gibt es objektiv gute Führung? ... 24
2.3 Das immergleiche Bedürfnis – Menschen wollen anerkannt werden ... 24
2.4 Zwischenfazit ... 25

3 Führung oder Management? ... 27
3.1 Management und Leadership – nicht oder selten dasselbe ... 28
3.2 Leadership und Führung – bedingt dasselbe ... 29
3.3 Führung und Management definiert ... 31
3.4 Ein einheitliches Führungsverständnis ist kein Selbstläufer ... 32

4 Grenzen bekannter Glaubenssätze ... 33
4.1 US-amerikanischer Bias ... 33
4.2 Einzelfälle werden verallgemeinert ... 33
4.3 Idealistisches und vereinfachtes Menschenbild ... 34
4.4 Das Grüner-Tisch-Syndrom ... 35
4.5 Bezug auf Schönwetterphasen ... 37
4.6 Kommunikation zur falschen Zeit ... 38

5 Führung und Vertrauen ... 41
5.1 Die Instanz der Vertrauensforschung ... 41
5.2 Was bedeutet fehlendes Vertrauen? ... 42
5.3 Der Vertrag des Vertrauens ... 43
5.4 Vertrauensbildung fängt ganz oben an ... 44
5.5 Faktoren der Vertrauensbildung und -erhaltung ... 45

6 Vordenker der kooperativen Führung ... 47
6.1 Der Teamansatz – vielfach erprobt und neu beleuchtet, stets aktuell ... 47
6.2 Wirksame Teams – und was tun die Team Leader? ... 48
6.3 Kooperative Arbeitsformen – der Blick in die Praxis ... 49
6.4 Von einem Extrem ins andere ... 50
6.5 Die Führungskräfte, die ›Leader‹, stehen auch hier bitte nicht im Weg ... 51
6.6 Nenne es Team, nenne es Squad, nenne es Zirkel ... 52

7 **Der monetäre Vorteil: Kooperation kürzt Kosten** 53

8 **Das Wertegerüst: Elemente einer erfolgversprechenden Führungskultur** 57
8.1 Der äußere und formale Rahmen 59
8.1.1 ESG – Environmental, Social and Governance 60
8.1.2 Corporate Governance und Compliance 61
8.2 Mut zeigen und mit Überzeugung vorangehen 62
8.3 Verhältnis von Arbeit und Leben 65
8.4 Konsequente Kundenperspektive, auch gegen den Strom 68
8.4.1 Kaizen wegen Kundenfokus – nicht bloßem Qualitätsfokus 69
8.4.2 Alarm schlagen, wenn die Kundenorientierung zurückgeht 70
8.5 Entscheiden und Bestehen in der volatilen Welt 71
8.5.1 Informationen und Systeme richtig handhaben 73
8.5.2 Unsicherheiten akzeptieren, offen kommunizieren 73
8.6 Klare und empathische Kommunikation auf Augenhöhe 74
8.6.1 Individuell, empathisch, verständlich 75
8.6.2 Rückmeldung ermöglichen und fördern – und zuhören 76
8.6.3 Digitale Lösungen – Gefahr der falschen Ritualisierung 77
8.6.4 Einheitlich von der Spitze 77
8.7 Fairness, Anstand und Anerkennung 78
8.7.1 Fairness: gleicher Qualitätsmaßstab, aber Anpassung der Erwartungen an unterschiedliche Bedingungen 78
8.7.2 Wie also zeigen Führungskräfte konsensfähigen Anstand? 81

9 **Führungsgespräche** 85
9.1 Gregor Baer: Vom Nachwuchs kann man lernen, flexibel und anpassungsfähig zu sein 85
9.2 Christoph Beichelt: Mehr Initiative und Eigenverantwortung 87
9.3 Jean-Claude Biver: Zukunft sichern 90
9.4 Pierre Biver: Der jungen Generation nicht nur zuhören, sondern vor allem von ihr lernen . 91
9.5 Wilhelm Friedrich Boyens: Unternehmen können heute nur noch von Teams gemanagt werden 93
9.6 Nils Bracker: Führung wieder mehr als Unternehmertum begreifen 97
9.7 Lisa Rosa Bräutigam: Für die hybride Transformation gibt es keine Blaupause 100
9.8 Valeria Gargiulo: Man darf Menschen in Krisenphasen nicht sich selbst überlassen 104
9.9 Viviana Mehlan: Die Fachkompetenz von der Personalverantwortung entkoppeln 107
9.10 Dr. Meike Schäffler: Führung ist etwas, das von beiden Seiten funktionieren muss 109
9.11 Peter Yoogiul Son: Menschen aus dem Hintergrund befähigen, ihnen die Bühne bereiten 114
9.12 Christian Spies: Zuhören und den Moment erkennen, wann Unterstützung geboten ist 117
9.13 Franz Sebastian Welter: Führungskraft werden jetzt diejenigen, die gern mit Menschen umgehen 122
9.14 Anka Wittenberg: Familie und Arbeit ehrlich und dauerhaft vereinen können 124
9.15 Zwischenfazit 127

10 Es führt, wer Verantwortung übernimmt ... 131

10.1 Ein neues Führungsverständnis etablieren - aber wie? ... 131

10.1.1 Bisher filtert man zu oft neue Gesichter mit alter Präferenz heraus ... 131

10.1.2 Langjährige Führungskräfte sollen sich ändern - klappt das? ... 132

10.1.3 Löst das Arbeiten in Frameworks das Führungsproblem? ... 133

10.1.4 Löst das Arbeiten in einer Matrixorganisation das Führungsproblem? ... 134

10.1.5 Frameworks und Egalitarismus können die Bürokratie sogar erhöhen ... 135

10.1.6 Der Blick in die USA ... 135

10.1.7 Holistischer Ansatz - für die neue Führung das Beste aus den Welten ... 136

10.1.8 Die übernommene Verantwortung bestimmt die Führung ... 137

10.2 Wann Verantwortung vor allem Führung bedeutet ... 138

10.3 Die neue Führungsverantwortung umfasst nur zwei Aufträge ... 141

10.4 An Führung heranführen ... 142

10.4.1 Die Ambitionierten nicht vergessen ... 144

10.4.2 Anbieten, säen - und auf fruchtbaren Boden hoffen ... 145

10.4.3 Raum für Experimente - auch die Etablierten lernen dazu ... 146

10.4.4 Frameworks können helfen, auch wenn sie Führung nicht obsolet machen ... 147

10.5 Die neuen Aufgaben der Personalentwicklung ... 148

10.5.1 Schritt 1: Problembewusstsein schärfen, neues Führungsverständnis sichern ... 149

10.5.2 Schritt 2: Verbindlichkeit der etablierten Führungskräfte sichern ... 150

10.5.3 Schritt 3: Verbindlichkeit der Nachwuchskräfte sichern ... 151

10.5.4 Schritt 4: Vertrauensklima erzeugen und sichern ... 151

10.5.5 Schritt 5: Durch Qualifizierung und Mentoring zur Verantwortungsübernahme befähigen ... 152

10.5.6 Eine mutige HR, die selbst Pate steht ... 153

10.6 Karrierewege im neuen Führungskontext ... 154

10.6.1 Spielerische, aber institutionalisierte Oszillation zwischen Rolle, Organigramm und Organisationsform ... 156

10.6.2 Kommerzielle Ergebnisverantwortung nicht für jede Rolle ... 157

10.6.3 Eine Personalentwicklungskomponente auch in funktionalen Rollen ... 157

10.7 Best Output Leadership - Führen zu großen Ergebnissen ... 158

11 Danksagung ... 163

12 Postscript - Definitionen, Lehrsätze, Zusammenfassungen im Überblick ... 167

12.1 Über Führung ... 167

12.2 Vertrauenskultur und Systemvertrauen ... 168

12.3 Führung nach dem Verantwortungsprinzip ... 171

12.4 Auswertung der Führungsgespräche ... 175

Literaturverzeichnis ... 183

Stichwortverzeichnis ... 189

Der Autor ... 193

Vorwort

Dieses Buch hat sich im Laufe der Entstehung anders entwickelt, als ich es zunächst intendiert hatte. Ursprünglich wollte ich eine Bestandsaufnahme zur Lage der Führung in deutschen Unternehmen und Unternehmen in Deutschland vornehmen – basierend auf meiner Dozentur für Leadership an der Internationalen Hochschule (IU, Campus Dortmund) und den daran angelagerten Forschungsaktivitäten. Der Bedarf schien mir angesichts der vielen krisenhaften und demografischen Umstände, die Deutschland, Europa und die Welt seit einigen Jahren heimsuchen, gegeben. Die modernen Führungs- und Organisationskonzepte von *Agilität* bis hin zur *New Work* – im anglo-amerikanischen Kontext eher als *Teal* (= *türkise Organisation*) bekannt – tun ihr Übriges, um tradierte Glaubenssätze ins Wanken zu bringen.

Dann ergaben sich mehr und mehr Möglichkeiten, hoch profilierte Führungskräfte unterschiedlichster Couleur und Altersstufen im Rahmen von Interviews zu befragen. Ursprünglich wollte ich nur exemplarisch ein paar wenige Eindrücke aus der Praxis geben, denn zu viel Theorie tut unserem Thema nicht gut. Je mehr positive Rückmeldungen ich bekam, desto größer wurde der Interviewteil des Buches, eins führte zum anderen. Natürlich, die Einblicke und Befunde bleiben qualitativ, dafür aber kommen sie aus erster Hand. Herbe Rückschläge möchte ich allerdings nicht verschweigen: Leider hatten gerade Frauen, die durch ihre exponierten Rollen sicher höchst interessante Beiträge hätten liefern können, meistens gar nicht erst geantwortet oder abgesagt. Anders Männer – ich musste meine Anfragen an Männer sogar wieder einstellen, um ein zu krasses Missverhältnis der Geschlechter zu vermeiden. Das kann kein Zufall sein und sagt eventuell einiges über die Möglichkeiten oder den Willen beider Geschlechter zur Außendarstellung aus.

Die diverse Zusammensetzung der Befragten aus erfahrenen Führungskräften, aber auch aus Nachwuchsführungskräften unterschiedlichster Branchen hat mich davon abgebracht, einen handbuchartigen Ratgeber zu schreiben. Ich möchte eher relevante, bereitzustellende Voraussetzungen auf organisatorischer und kultureller Ebene für eine erfolgversprechende Führung fallweise vorschlagen oder in Erinnerung rufen. So gibt es immer Unternehmen oder Organisationen, die vorangehen – doch taugen sie als generelles Vorbild? Nicht alles in diesem Buch wird gänzlich neu sein, vielmehr möchte ich Impulse für Adaptionen an möglichst viele Unternehmen geben, ohne zu konkret etwaige Vorreiter heranzuziehen.

Mir geht es in diesem Buch nicht nur um den Nachwuchs. Doch ist dieses Buch auch ein großes Plädoyer für eine bessere Wahrnehmung, Berücksichtigung, Eingliederung und Ausbildung des Führungskräftenachwuchses. Die jungen Generationen Z und Y sind unsere Zukunft. Durch meine erwähnte Dozentur habe ich das Privileg, regelmäßige Diskussionen mit jungen Menschen der Generation Z zu führen, und es ist meistens ein Erlebnis. Das Bild ist vielfältig und gibt definitiv Anlass zur Hoffnung, entgegen dem Tenor mancher Studie. Man muss nur den richtigen Hebel finden, die richtige Basis für eine Verständigung herstellen, und schon findet man auch bei der Generation Z das Feuer der Leidenschaft. Vielfach brennt es nur anders als das der Generation Golf oder der Boomer.

Wenn dieses Buch zur Verständigung der Generationen beiträgt und dadurch Organisationen noch erfolgreicher werden, freut mich das besonders.

1 Zur Situation

Der Anlass für ein Buch über Führung könnte dringlicher kaum sein. Beginnen wir mit dem großen Bild. In den vergangenen beiden Jahrzehnten wurde die Welt und damit die zunehmend globalisierte Wirtschaft von mehreren heftigen Krisen geschüttelt. Die Folgen waren und sind schwerwiegend, gerade für das Verständnis, was gute Führung ist und was sie insbesondere für den Nachwuchs bedeutet.[1]

Der erste Einschlag in die zuvor recht lange boomende Weltwirtschaft war die Dot-com-Krise im Jahr 2001, die nicht nur durch den 11. September, sondern vor allem durch wilde Spekulationen an den Kapitalmärkten ausgelöst wurde. Zu viele Investoren und Banker wetteten auf eine glorreiche Zukunft der neuen Digitalunternehmen und vergaßen darüber, genau hinzuschauen, welches Geschäftsmodell und vor allem welche Substanz dahintersteckte. Oft genug musste man nach kurzer Zeit feststellen: keine.

Das nächste Beben erfasste im Jahr 2007 die Finanzmärkte mit dem Zusammenbruch der Investmentbank Lehman Brothers, die sich verhoben hatte mit meist faulen Immobilienkrediten und undurchsichtigen Bündelprodukten von Kreditbesicherungen, deren Struktur und Risiko am Ende keiner mehr verstand. Dieses Ereignis zog einen Dominoeffekt nach sich, der die gesamte Weltwirtschaft in den Abgrund zu reißen drohte. Mit Mühe konnte schließlich durch das Eingreifen der Politik und die Verstaatlichung oder Teilverstaatlichung einiger Banken das Schlimmste verhindert werden. Dieses Ereignis warf zum ersten Mal weltweit und hartnäckig die Frage nach der Verantwortung der handelnden Personen, insbesondere des Topmanagements der betroffenen Banken, auf. Bisher unangetastete Prinzipien der Unternehmensführung, vor allem das Mantra der Gewinnmaximierung, kamen auf den Prüfstand. Plötzlich wurden auch moralische Fragen gestellt. Wie gut ist Gier tatsächlich? Wo liegen die Grenzen? Nach welchem moralischen Kompass soll entschieden und gehandelt werden? Im Grunde: Was ist gute Führung?

2019 brach die Coronapandemie über die Welt herein und brachte einmal mehr tradierte oder vermeintliche Gewissheiten in Wirtschaft und Politik durcheinander. Indem die Wirtschaft relevanter Länder durch Lockdowns in die partielle Dysfunktionalität rutschte, allen voran die bis dato für den Welthandel immens wichtige chinesische, kamen zahlreiche Lieferketten erheblich ins Stocken. Plötzlich stand die Versorgungssicherheit mit essenziellen Gütern, darunter Medikamenten, auf dem Spiel.

1 Als ›junge Generation‹ bezeichne ich die sogenannte Generation Y (in den 1980er- und 1990er-Jahren geboren) und Generation Z (circa 1997 bis 2012 geboren). In diesem Buch verwende ich für beide Generationen auch den inzwischen verbreiteten Begriff ›Young Professionals‹.

Das Credo, nach dem der global günstigste, hinreichend lieferfähige Anbieter zum bevorzugten Produzenten oder gar zur alleinigen Beschaffungsquelle avancieren sollte, geriet gehörig ins Wanken. Schlagartig wurden potenziell fatale Abhängigkeiten deutlich, die man allerdings bei genauem Hinsehen schon vorher hätte entdecken können. Nur hatte offenbar niemand so genau hinschauen wollen, sobald der Preis angesichts engster Vorgaben und die Produktqualität der gehandelten Güter zumindest einigermaßen stimmte. Die Globalisierung und Abhängigkeit von bestimmten Ländern sind so lange vorteilhaft, wie man selbst genügend und verlässlich Gewinn erzielt.

War die Coronapandemie nach allem, was bis dato bekannt ist, mindestens auch natürlicher Ursache und damit in ihrem Auftreten wohl kaum zu beeinflussen, so war der Einmarsch Russlands in die Ukraine 2022 offensichtlich eine Chef-Entscheidung im Kreml, die vor allem in Europa die Wirtschaft und in gewisser Weise auch die Politik ins Wanken brachte. Es dauerte gefühlt sehr lange, bis maßgebliche europäische und gerade auch deutsche Verantwortliche aufgewacht waren, einen neuen Weg zumindest ausriefen und so etwas zeigten wie: Führung.

Über die Bedrohungen noch ganz anderer Art, insbesondere den Klimawandel, der das Leben auf der Erde um einiges ungemütlicher machen dürfte, möchte ich hier gar nicht erst vertiefend eingehen. Im Gegensatz zu den vorgenannten Katastrophen haben wir es hier mit einer sehr lang währenden Herausforderung zu tun, die wahrscheinlich über Generationen die vielfältigsten Bemühungen erfordern wird. Genau diese Bemühungen aber werden vermehrt und teils überaus vehement von der jungen Generation eingefordert. Ihr gehen die Maßnahmen gegen den Klimawandel oft nicht weit und vor allem nicht schnell genug. Sie vermissen in ihrem Sinne: Führung.

Diese wenigen Schlaglichter auf Krisen und Herausforderungen zeigen sehr deutlich: Krisenhafte Ereignisse können vielfältige Ursachen haben, doch mindestens die dargestellten Folgen gehen vor allem auf eines zurück – ausbleibende, zögerliche oder sogar schlechte Führung. Und wenn die handelnden und vor allem (im wahrsten Wortsinn) entscheidenden Personen mal nicht für die Ursache der Krise verantwortlich sein sollten, dann verbocken sie die Krisenbewältigung – so das breite Medienecho. Längst scheint die junge Generation ein ähnliches Urteil gefällt zu haben und sich zu fragen: Ist der ›Laden‹ noch zu retten, für was und wen lohnt sich berufliches Engagement überhaupt?

Zwar gehen die Meinungen über die bis 30-jährigen Berufstätigen, die sogenannte Generation Z und ihre Werte, Denkweisen und Ziele bisweilen auseinander. Die weltweite Deloitte-Generationsstudie von 2023 etwa bescheinigt der Generation Z und den etwas älteren Millennials, also der Generation Y, unter anderem eine hohe Priorisierung der Work-Life-Balance mit einer Verschiebung hin zu mehr Privatleben, flexibler Arbeitszeiten und von Nachhaltigkeit, besonders im Hinblick auf den Klimawandel.[2] In die gleiche Richtung geht eine Studie von Zenjob, insbesondere, was den Wunsch nach flexibleren Arbeitszeiten und Autonomie anbelangt.[3] Doch bekommt das Bild hier Risse, denn eindeutig ausgeprägt sind die Präfenzen eben nicht immer. So wollen 78 Prozent der Befragten aus der Generation Z feste Arbeitszeiten haben, doch 70 Prozent im Urlaub erreichbar sein. In einer Umfrage des Meinungsforschungsinstituts YouGov im Auftrag des Automobilzulieferers Continental bekunden gar 77 Prozent der Befragten, dass Arbeit ihnen wichtig sei[4] – ob wichtiger als Freizeit, wird in den zitierten Quellen nicht erörtert.

Man liest es allenthalben in den Fachmedien und ich kann es zumindest anekdotisch aus unserer Beratungspraxis bestätigen: Von der jungen Generation werden vermehrt flexible Arbeitszeiten und -modelle eingefordert, ein höherer Sinn im eigenen Tun für das Unternehmen erwartet und eine gewisse Unverbindlichkeit gezeigt. Das kurze Hallo, eine schnelle Nachricht auf das Mobiltelefon, eine kurze E-Mail – und vielleicht auf Nimmerwiedersehen. Eine Anfrage ist nichts mehr als eine spontane Eingebung und Rückfragen sind eher lästig oder gar beängstigend. Die ernsthafte Beschäftigung mit dem Anliegen, ja eine womöglich tiefergehende Analyse, an der man dann noch mitarbeiten soll und an deren Ende man womöglich eine Verpflichtung eingehen muss, schrecken ab. Ebenso wollen viele Führungskräfte erkannt haben, dass die Generation Z aufgrund einer überbehüteten Kindheit sehr ängstlich und unselbstständig ist, wenig Initiative zeigt und Fehler unbedingt vermeiden möchte.[5] Bevor man etwas falsch macht und Kritik riskiert oder wenn etwas schon im Vorhinein Unbehagen auslöst, macht man lieber gar nichts.

Auf die Spitze getrieben wird die Unverbindlichkeit durch sogenanntes Ghosting: Bewerberinnen und Bewerber sind nach einem ersten Gespräch nicht mehr erreichbar oder treten eine Stelle einfach nicht an. Sie haben sich buchstäblich in Luft aufgelöst. Dieses Phänomen tritt nicht nur vereinzelt auf, wenn man den vielen Stimmen aus der Personalrekrutierung glauben darf.

---

2 Deloitte: 2023 Gen Z and Millennial Survey. https://www2.deloitte.com/de/de/pages/innovation/contents/millennial-survey.html.

3 Zenjob: Gen-Z-Studie 2022: Das wünschen sich junge Arbeitnehmer*innen von ihrem Job.

4 Vgl. Zeit online/dpa (2023): Generation Z und Arbeitsmarkt – Was wollen die Jungen? Meldung vom 02.08.2023.

5 Vgl. dazu a) Belkin, Douglas et al. (2023): »How Do I Do That?« The New Hires of 2023 Are Unprepared for Work. Remote learning during the pandemic left students short of basic skills. Now companies are trying to teach them on the job. The Wall Street Journal. b) Hart, Jordan (2023): Managers say Gen Zers aren't getting work done and lack basic social skills – and it's driving them crazy. Business Insider online; Anmerkung: Zwar wird im vorliegenden Buch auf US-amerikanische Quellen wegen der oft fraglichen Gültigkeit für den deutschsprachigen Raum mit Vorbehalten verwiesen – die in diesen Artikeln dargestellten Verhältnisse decken sich allerdings mit jenen aus zahlreichen deutschen Umfragen.

In anderen Fällen wird bereits früh in der Bewerbungsphase der Zweck des Unternehmens insistierend hinterfragt. Und was ein Unternehmen für die Nachhaltigkeit und gegen den Klimawandel tut, kann die Entscheidung pro oder contra Stellenantritt massiv beeinflussen. Auch die Möglichkeit des Aufstiegs wird nicht mehr automatisch als positiv wahrgenommen. Die klassische Führungskarriere mit viel Verantwortung für andere Menschen, vielleicht noch garniert mit langen Auslandsaufenthalten, hat jedenfalls als Wunschbild in der Breite ausgedient. Persönliche Entfaltungsmöglichkeiten nach den eigenen Regeln und Präferenzen scheinen schwerer zu wiegen.[6]

Die junge Generation zeigt sich nicht dankbar für die Gelegenheit, in einem angenehmen Umfeld für gutes Geld arbeiten zu *dürfen* – sie erwartet Dankbarkeit dafür, dass sie diese Gelegenheit *wahrnimmt.* So ist die Lage. Eine Verschiebung von Werten ist unverkennbar, und die Konvention dessen, was als angemessenes Verhalten, angemessene Kommunikation und eine angemessene Erwartungshaltung verstanden wird, hat sich mit verschoben. Bei Kritik ist man allerdings beleidigt oder sofort stark verunsichert, unter größerer Belastung bricht man gleich ganz zusammen. Auch diese Merkmale fördern mehrere Umfragen zutage.[7]

Die Gründe für derartige Verschiebungen in den Prioritäten, Glaubenssätzen und Präferenzen mögen vielfältig sein. Ein gewichtiger Grund, und diesen erlebe ich auch in unserer eigenen Beratungspraxis, ist der Vertrauensverlust in das System. Die erwähnten massiven Krisen haben das Vertrauen der jungen Generation in die Akteure auf wirtschaftlicher und politischer Ebene eher erschüttert als gestärkt und unter anderem zu einer gänzlich anderen Haltung vieler junger Berufstätiger zu klassischen Karrierethemen geführt. Man gibt nicht mehr alles für ›die da oben‹, um dann möglich bald selbst dazuzugehören.

Daran ändert auch die Tatsache nichts, dass die – bei Erscheinen dieses Buches – jüngste Studie der Wirtschaftsjunioren Deutschland konstatiert, für 82 Prozent der Befragten seien gute Verdienstmöglichkeiten am wichtigsten. Schon 74 Prozent nämlich sehen eine gute Work-Life-Balance als wichtig oder sehr wichtig an, und auf dem dritten Platz steht mit 71 Prozent die Möglichkeit einer abwechslungsreichen Tätigkeit.[8]

Dazu kommt die demografische Entwicklung, die der unterstellten oder faktischen Vielwilligkeit bzw. Ich-Bezogenheit der jungen Generation in die Karten spielt. Wer rare Kompetenzen mitbringt, kann sich eben mehr erlauben. Auch das ist die Situa-

6 Vgl. Telser, Franziska (2023): Wie die Generation Z den Arbeitsmarkt aufmischt. Handelsblatt Nr. 159, 18./19./20. August 2023, S. 48 ff.

7 Vgl. Gelowicz, Svenja: »Viele Babyboomer sind an ihre Belastungsgrenzen gekommen«. WirtschaftsWoche online vom 18.02.2023. Gelowicz bezieht sich hier auf eine Studie von Naemi Brandt (Acting Like a Baby Boomer? Psychological Science 33, Februar 2022, S. 282–396).

8 Genius, Kilian et al. (2023): Ansprüche vor erstem Arbeitstag. Worauf die Generation Z bei der Berufswahl schaut. N-TV.de

tion. Die jüngste Studie von McKinsey&Company, in der 500 Personalverantwortliche zum Thema befragt wurden, förderte zutage, dass weniger als zwei Drittel der ausgesprochenen Jobangebote angenommen werden.[9] Dieses Verhalten alarmiert, da die deutsche Konjunktur im Herbst 2023 und auch im ersten Quartal 2024 nicht rundläuft.

Und als wäre dies alles noch nicht genug, hat die Coronapandemie neue Arbeitsmodelle mit einer viel stärkeren Betonung (oder überhaupt erst der Einführung) des Arbeitens von zu Hause aus (Homeoffice) befördert. Was zuvor eher als Auffrischung der Arbeitskultur hin zu einer größeren Dynamik – gern auch *Agilität* genannt – gedacht war, wurde in vielen Unternehmen plötzlich und notgedrungen zum Standard. Und dies in einer viel krasseren Form als ursprünglich gedacht, denn die Agilität betraf nicht mehr nur die Arbeitsorganisation, sondern buchstäblich den Raum. Operierte früher allenfalls der Außendienst aus dem Homeoffice heraus, blieben nun ganze Abteilungen schlicht daheim.

Präsent war dieser Trend hin zu einer alternativen Arbeitsorganisation im deutschsprachigen Raum schon zuvor als sogenannte *New Work*, einer von Frithjof Bergmann in den 1970er-Jahren begründeten Denkrichtung, die Arbeit anders als bis dato üblich gestalten wollte. Im Kern soll die Arbeit demnach vor allem sinnstiftend sein, ja Freude bereiten, und nicht mehr als Zwang und Begrenzung der persönlichen Freiheit empfunden werden.[10] Spätestens seit der Coronapandemie wird *New Work* weit über diese eher philosophische Betrachtung hinaus als Sammelsurium unkonventioneller Arbeitsweisen und Organisationsformen verstanden und vor allem in der Breite angewendet. *New Work* hat sich also vom konzeptionellen Ursprungsgedanken entfernt und der Organisationsebene stark angenähert, aber – oder gerade deshalb – an umso mehr Stellen der Arbeitswelt in immer neuen Formen Einzug gehalten.

Die etablierte Arbeitswelt ist also von mindestens zwei Seiten unter Druck geraten. Es steht nicht nur der *Sinn* der Arbeit und damit auch der eines eventuellen beruflichen Aufstiegs zur Disposition, sondern auch die *Art* des Arbeitens.

Nun gedachte man mit dem Abklingen der Coronapandemie das Rad zurückzudrehen. Die Rolle rückwärts aber fällt viel schwerer als vermutet, es soll etliche junge Bewerberinnen und Bewerber geben, die sich wundern, wenn sie mehr im Standortbüro als

---

9 Vgl. Reintjes, Dominik (2023): Wählerische Kandidaten. »Das wird Unternehmen in den nächsten fünf bis zehn Jahren wirklich zu schaffen machen«. WirtschaftsWoche online vom 09.11.2023. Anmerkung: Offen bleibt in dieser Quelle die Alterskohorte, wobei aber nach aller Logik einer repräsentativen Umfrage hinreichend viele junge Menschen unter den Untersuchten sein dürften. Das Original der Studie war bei McKinsey&Company bis dato nicht erhältlich.

10 Vgl. Bergmann, Frithjof (2019): New Work New Culture: Work We Want and a Culture That Strengthens Us. Zero Books. Es ist schwer, das Konstrukt Bergmanns zu klassifizieren, weshalb ich es im vorliegenden Buch, je nach Kontext, auch als Konzept, Rahmen und Ansatz bezeichne.

zu Hause arbeiten sollen. So manche Personalerinnen und Recruiter reiben sich da die Augen.[11]

Was also tun? Größte wirtschaftliche und gesellschaftliche Herausforderungen stehen einer Generation an Arbeitskräften gegenüber, die viele Regeln neu bestimmen oder es zumindest möchten und versuchen. Natürlich gilt dies nicht für die junge Generation per se und einige meiner Aussagen sind bewusst pointiert gehalten. Der Trend aber ist Realität und führt zu einigem Kopfzerbrechen in den Chefetagen.

Eine grundsätzliche Unzufriedenheit mit tradierten Strukturen und Prozessen dürfte sich zudem über mehrere Generationen erstrecken, vielleicht sogar bis zur Generation Golf/Generation X oder den Boomern.[12] Diese zumindest für den deutschsprachigen Raum vorliegende Erkenntnis deutet darauf hin, dass die überproportionale Betonung der jungen Generation im Diskurs zwar gerade mit Blick auf die Zukunft das Kernphänomen einer drohenden Führungs- oder gar breiten Arbeitskräfteverknappung beschreibt, jedoch auch in dieser Hinsicht keinesfalls das ganze Bild zeigt.[13]

Insoweit kann auch dieses Buch sich einer gewissen Verallgemeinerung nicht entziehen, und es wird hiermit explizit auf diese hingewiesen. Immerhin bietet es durch das Kapitel »Führungsgespräche« und durch Erlebnisse aus unserer eigenen Beratungspraxis zumindest punktuelle Bestätigungen, Modifizierungen und Relativierungen der Forschungsergebnisse und somit hoffentlich einen brauchbaren Erkenntnisgewinn.

Eines aber ist klar: Führung nach bewährtem Rollenmuster und in bewährten personellen wie auch organisatorischen Strukturen funktioniert nicht mehr *per se*. Das Bewährte bewährt sich nun nicht mehr automatisch. Doch ohne Führung im Sinne einer Richtungsweisung und Entscheidungsübernahme überlebt keine Organisation, und sei sie noch so egalitär oder agil aufgestellt. Der Erfolg währt bis zum nächsten Konflikt strategischer Tragweite oder bis zum Gebot einer schwerwiegenden Entscheidung, für die jemand unterschreiben und formell die Verantwortung übernehmen muss. Wie kann dieser Spagat gelingen?

Ein neues Führungsverständnis ist gefragt.

11 Vgl. Allak, Hasan (2024): Weg mit dem tradierten Betriebssystem! WirtschaftsWoche online vom 17.02.2024.

12 Generation Golf/X = Jahrgang 1966 bis 1980, Boomer = bis 1966 geboren.

13 Vgl. Hoffmann, Maren (2024): Deutschlands erschöpfte Chefs. Manager Magazin online vom 15.02.2024.

2 Führung ist notwendig – und zunehmend in Not

Wenn wir also unterstellen, dass die beschriebenen Phänomene zumindest als Tendenz richtig erkannt, hinreichend belastbar und virulent sind, dann geraten Unternehmen perspektivisch in Führungsnot – wenn sie es nicht schon sind. Fragen wir uns doch noch einmal, und zwar provokant: Müssen Organisationen überhaupt im systematischen Sinne geführt werden? Gerade in den letzten 10 bis 15 Jahren haben doch flache und agile Organisationen stark an Popularität gewonnen, Selbstorganisation scheint dem Zeitgeist zu entsprechen.[14] Spricht das nicht gegen die Notwendigkeit einer Führungsstruktur?

2.1 Verstehen wir überhaupt, was Führung ist?

Ohne die entscheidende Frage, ob wir überhaupt verstehen, was Führung ist, zu wissenschaftlich zu beantworten, müssen wir doch einen etwas genaueren Blick auf das Thema werfen. In der Fachliteratur wird Führung jedenfalls nicht einheitlich begriffen und dargestellt. Aus der Perspektive meiner internationalen Beratungserfahrung jedenfalls kann ich nur sagen, dass kulturelle Faktoren das Verständnis von Führung maßgeblich beeinflussen.[15] Trotz Globalisierung ändert sich an diesen Verhältnissen nach unserer Beobachtung auch wenig. In unserem europäischen, vielleicht genauer westeuropäischen, traditionellen Verständnis wird Führung durch Führungskräfte ausgeübt, die einen fest zugeordneten Stamm an Mitarbeitenden anleiten – denen gegenüber sie weisungsbefugt sind, denen sie Aufgaben zuteilen können und die sie beurteilen. Gern wird zudem von *Management* gesprochen, wenn *Führung* gemeint ist.

Zudem ist der Fachdiskurs in Europa und vielleicht besonders in West- und Nordeuropa durch US-amerikanische Impulse geprägt. Daher referenzieren viele Veröffentlichungen über Führung bewusst oder unbewusst auf amerikanische Quellen, und nicht wenige transportieren das tradierte Bild der starken Führungskraft, die von der Spitze die Richtung vorgibt und Gefolgschaft erwartet.

14 Zur wissenschaftlichen Vertiefung empfehle ich das Buch von Michela Moser Hierarchielos führen, erschienen bei Springer Gabler 2017.

15 Interessierten sei an dieser Stelle die Studie Cultures and Organizations von Geert Hofstede zur Vertiefung empfohlen. Wir haben folgende Ausgabe als Referenz genutzt: Hofstede, Geert (1991): Cultures and Organizations. Software of the Mind. McGraw-Hill International (UK) Limited.

Kurt Lewin und Max Weber – fast vergessene Wegbereiter

In doppelter Ironie wird der Pionier der Erforschung von Führung und Verhalten, der deutschstämmige Psychologe Kurt Lewin, im Diskurs nur noch selten erwähnt: Bis heute werden zwar munter seine Ideen umgewälzt, jedoch ohne den Vordenker zu nennen, und wenn doch, dann geht er als reiner Amerikaner durch. Getrost darf man bei Sichtung auch der aktuellen Forschung und Publikationen zu Führung annehmen, dass die drei von ihm definierten Führungsstile – autoritär, kooperativ und demokratisch – immer noch zur Basis der Betrachtung und Beschreibung von Führungsstilen gehören.[16]

Gleiches gilt für die Thesen von Max Weber, dessen vier vorgeschlagene Führungsstile – autokratisch, patriarchalisch, charismatisch und bürokratisch – nicht mehr als zukunftsfähig angesehen werden, aber faktisch in der einen oder anderen Ausprägung weiterleben. So kollidiert beispielsweise die bürokratische Führung frontal mit den *New-Work*-Ansprüchen[17], aber wer einmal, zumindest in Deutschland, ein behördliches Verfahren durchlaufen hat, trifft auf Webers Thesen an vielen Ecken. So vernachlässigt die Vordenker, so präsent ihr Erbe!

Dass Peter Drucker, einer der am meisten zitierten US-Experten zu Führung und Management, gebürtiger und sozialisierter Österreicher war, ist nur eine weitere Ironie der Geschichte. Wo wir die Vordenker in den USA suchen, finden wir unter deren berühmtesten Vertretern einige europäische Einwanderer, manchmal ohne es zu ahnen. Sie halten uns, nun amerikanisiert, den Spiegel vor. Was offenbar in Europa kein Echo fand oder keine Möglichkeit zur Entfaltung erhielt, muss erst von jenseits des Atlantiks zurückschallen, um aufgenommen zu werden.

Dieses Phänomen der Amerikanisierung zeigt vor allem die Anziehungskraft und Stärke der USA als richtunggebende Wirtschafts- und Wissenschaftsnation für Europa. Wir bewegen uns in der Diskussion um Führung also zumeist in einem von den USA aus geprägten Rahmen. Das ist zunächst weder gut noch schlecht, es hilft aber, verschiedene Denkrichtungen und Begriffe bis hin zu fein granulierten Handlungsempfehlungen einzuordnen.

Das Verständnis von Peter Drucker

Mit Peter Drucker und seinen Thesen haben wir einen wichtigen Fixpunkt gefunden. Die Frage, ob sich Drucker eher mit Führungs- oder vielmehr mit Managementthemen

16 Lewin, K. et. al. (1939): *Patt*erns of Aggressive Behavior in Experimentally Created Social Climates. The Journal of Social Psychology, Volume 10, 1939.

17 Auf Webers Thesen wird in der Praxis, wenn überhaupt, noch schlagwortartig verwiesen, ohne konkrete Einordnung in das Gesamtwerk. Dazu mag beitragen, dass die Bände Wirtschaft und Gesellschaft erst posthum ab 1922 erschienen sind und Weber sich nicht mehr im Diskurs äußern konnte.

befasst hat und was überhaupt der Unterschied zwischen beiden ist, muss für das weitere Verständnis von Führung interessieren.

So veröffentlichte Drucker meist in englischer Sprache, was das Verständnis etwas verkompliziert. Er schreibt häufiger von *Management*[18], nicht von *Leadership*, und ihm wird aufgrund seiner immer wieder durchscheinenden Skepsis gegenüber der Vorbildfunktion charismatischer Führungspersönlichkeiten zugeschrieben, dass die Unternehmensführung eher als Handwerk zu betrachten sei denn als angeborenes Talent.

Ein genauer Blick in die von ihm vorgeschlagenen Handlungsweisen und auch Eigenschaften von *Executives*, wie er die Akteure auch nennt, rückt diese recht nahe an unser heute weithin vertretenes Verständnis von Führung. Er schreibt, dass wirksame Executives

- sich das notwendige Wissen besorgen, das sie zur Ausübung ihrer Funktion und zur Erzielung von Ergebnissen benötigen, und zwar regelmäßig;
- einen Aktionsplan erstellen;
- handeln, indem sie
  - die Verantwortung für Entscheidungen übernehmen,
  - die Verantwortung für eine Kommunikation in beide Richtungen wahrnehmen, damit sie eine stetige Resonanz und relevante Informationen erhalten,
  - eher die Möglichkeiten und Chancen fokussieren als die Probleme und danach handeln,
  - Sitzungen produktiv gestalten, wobei der jeweilige Zweck der Sitzung zu beachten ist, da jeder Zweck eine bestimmte Vorbereitung, Teilnehmerzusammensetzung und inhaltliche Agenda erfordert;
- immer im ›Wir‹ und nicht im ›Ich‹ denken und handeln, denn das Wohl der Organisation, die überdies immer größer ist als man selbst, geht vor.[19]

Ich habe die Thesen und Zusammenhänge etwas verkürzt dargestellt, um die Essenz herauszuschälen. Es fällt auf, dass hier klassische Eigenschaften von Führung nach unserem Verständnis dargelegt werden, die nichts an Aktualität eingebüßt haben. Ohne ein Team nämlich, das die handelnde Person, hier eben der oder die Executive, unmittelbar beeinflusst, funktioniert die Ausführung der genannten Aufgaben und Verantwortlichkeiten nicht oder sie sind gleich ganz überflüssig. Die Ausübenden dieser Rollen kann man getrost ›Führungskräfte‹ nennen – sie praktizieren Führung, mindestens indem sie Verantwortung für ihr Handeln übernehmen, das auf weitere Personen in der Organisation unmittelbar ausstrahlt.

---

18 Vgl. Drucker, Peter (1954): The Practice of Management. Harper & Row.

19 Vgl. Drucker, Peter (2006): Classic Drucker. Essential Wisdom of Peter Drucker from the Pages of the Harvard Business Review. Harvard Business School Publishing Corporation. S. 115–126.

Neben Peter Drucker möchte ich noch zwei anerkannte Vordenker hinzuziehen, die ihre Spuren besonders im deutschsprachigen Raum hinterlassen haben.

Fredmund Malik und das Führungshandwerk

So befasst sich Fredmund Malik intensiv mit Führungs- und Managementfragen und man kann seine Denkrichtung durchaus als Verlängerung von Drucker begreifen. Auch Malik ist zu viel Charisma einer Führungspersönlichkeit eher suspekt, er begreift Führung als zu erlernendes Handwerk,[20] spricht sogar häufiger von *Management* als von *Führung*. Darüber hinaus definiert er kristallklar das Ziel von Management, nämlich Ergebnisse zu erzielen: »Management ist der Beruf des Resultate-Erzielens oder Resultate-Erwirkens.«[21] Wiederum wird hier nicht ganz klar, inwieweit Führung und Management unterschieden werden. Hinter beiden Begriffen stehen bei Malik stets Aufgaben, die Entscheidungen verlangen und Konsequenzen für andere in der Organisation oder extern als Kunden oder Geschäftspartner haben.

Vor allem aber ist Malik einer der wenigen, die die Bedeutung von Management für unser Leben betont und dabei Führungsaspekte mindestens einschließt (so heißt sein wohl berühmtestes Werk *Führen, Leisten, Leben*). »Fast alles, was uns innerhalb unserer Gesellschaft wichtig sein muss, hängt von Management ab, von der Professionalität und Qualität, mit der dieser Beruf ausgeübt wird. Das ist keineswegs begrüßenswert, aber es ist Realität.«[22] Für ihn ermöglicht oder beschädigt Management nichts weniger als unser »Wohlstandsniveau«[23] insgesamt, auch da viele weltmarktführende Unternehmen aus Ländern kommen, die keine typischen Standortvorteile, darunter Rohstoffe oder sehr niedrige Lohn- und Arbeitskosten, im Übermaß vorzuweisen haben, wie etwa die Schweiz und Japan[24], Deutschland sicherlich auch. Für Malik zählt nur die *Wirksamkeit* des Managements – wer in diesem Sinne wirkt, handelt richtig und wer nicht, gefährdet oder zerstört den Erfolg.[25] Wirksamkeit in diesem Kontext bedeutet für Malik vor allem *Resultatorientierung*.[26]

Reinhard Sprenger und die Unabdingbarkeit der Führung

Auch Reinhard Sprenger, der als einer der renommiertesten deutschen Vordenker gilt, stellt die Notwendigkeit von Führung an sich überhaupt nicht infrage, sondern definiert sie gleich generalistisch mit dem Zweck, das »… Überleben des Unternehmens zu si-

20 Malik, Fredmund (2000): Führen Leisten Leben. Wirksames Management für eine neue Zeit. DVA. S. 68 ff.
21 Ebd., S. 73.
22 Ebd., S. 49 f.
23 Vgl. ebd., S. 50.
24 Vgl. ebd., S. 50.
25 Wortwahl und Credo ziehen sich durch Maliks gesamtes Werk, werden hier in ebd. erstmalig auf Seite 18 angesprochen.
26 Vgl. ebd., S. 73 ff.

chern«.[27] Im Klartext: Wo nicht geführt wird – wie auch immer Führung nun genau aussieht –, muss man das Chaos erwarten, welches eine Organisation früher oder später in den Abgrund reißt. Zu viele divergierende Interessen und Zielsetzungen stünden einem Vakuum an Orientierung gegenüber, da es keine Instanz gebe, Konflikte zu entscheiden. Die Erkenntnisse der soziometrischen Forschung untermauern die Gefahr, nach der Gruppen gänzlich ohne Führung verwahrlosen oder sich am Ende doch eine Führungspersönlichkeit, sei es formell oder informell, erwählen.[28] Damit betrachte ich die Eingangsfrage, warum die systematische Führung einer Organisation insgesamt und auch innerhalb einer Organisation, also in Teilorganisationen nötig ist, als beantwortet.

Dass wir uns überhaupt mit dieser doch ein wenig trivial wirkenden Frage auseinandergesetzt haben, liegt auch am Zeitgeist. Insbesondere der Trend zum agilen Arbeiten – auch hier sei einschränkend angemerkt: was auch immer Agilität genau bedeutet – suggeriert, dass es keine Führung im obigen Sinn mehr braucht. Flache Hierarchien und sogenannte agile Arbeitsformen werden spätestens seit den 2010er-Jahren als überlegen dargestellt. Allerdings wird in den wenigsten Vorschlägen und Konzepten die Führungsfrage durchdacht, ja teils nicht einmal angedacht. Zumindest mit Blick auf die konkrete agile Organisationseinheit wird die Führungsfrage gern zugunsten größtmöglicher Selbstorganisation und Selbstregulierung in den Hintergrund gedrängt – vielleicht auch, weil Führung mit einem radikal gedachten egalitären und agilen Ansatz kollidiert. Sie stört das so schön gemalte Bild.

Nebenbei, auch Sprenger sieht im konkreteren Zweck der Führung die Erzielung von Erfolg[29] – genauer, eines Erfolgs, der vertraglich vereinbart ist, und dieser kann »... Profit sein, Umsatz, Umsatzrendite, Kapitalrendite, Marktanteil, Fluktuation, Lieferfristen«[30]. Er spannt also einen weiten Bogen, der vor allem die Vielfältigkeit der Relevanz von Führung verdeutlicht.

Überdies betrachtet Sprenger explizit die ganze Organisation mit ihren Hierarchieebenen oder Einheiten. Es gibt kein Entrinnen, könnte man sagen. Unterschiedlich ist allein die Reichweite der Handelnden. Eine Vorständin strahlt auf das gesamte Unternehmen ab, ein Teamleiter auf sein Team. Doch beider Führungsaktionen müssen zum Ziel haben, das nachhaltige Überleben des Unternehmens zu sichern.

---

27 Sprenger, Reinhardt (2012): Radikal führen. Campus. S. 18. Anmerkung: Auslassungen in kurzen wörtlichen Zitaten, die im Fließtext stehen, werden in diesem Buch wegen der besseren Lesbarkeit mit drei Punkten ohne Klammern markiert.

28 Vgl. Saaman, Wolfgang (1990): Effizient führen. Gabler, S. 31 ff. sowie Geramanis, Olaf/Hutmacher, Stefan (Hrsg.) (2019): Der Mensch in der Selbstorganisation – Kooperationskonzepte für eine dynamische Arbeitswelt. Springer Gabler, 77 ff.; Anmerkung: Die Soziometrie soll hier nicht weiter beleuchtet werden, jedoch sei hingewiesen auf die Protagonisten Jakob L. Moreno, Elton Mayo und George C. Homans sowie, besonders aus Sicht der Forschung zur Bürokratie, Max Weber.

29 Vgl. ebd., S. 21.

30 Vgl. ebd., S. 22.

2.2 Gibt es objektiv gute Führung?

Sprenger betont ähnlich wie Malik, dass es gute Führung im engeren Sinne eines personenbezogenen Führungsverhaltens nicht gebe, ja diese nicht einmal in der Theorie definierbar sei – ausschließlich sei erfolgreiche von erfolgloser Führung zu unterscheiden.[31] Damit stehen die Autoren beileibe nicht allein, wenn es auch eine – womöglich noch viel größere – Anzahl an Publikationen gibt, in denen jede Menge praktische Tipps für die sogenannte gute Führung stehen.[32] Wir stochern also einmal mehr im Nebel, können Führung für sich genommen nicht oder kaum qualifizieren oder quantifizieren.

Führung ohne Kontext, ohne ein wünschenswertes, erreichtes Ergebnis ist unmöglich zu beurteilen und damit auch kaum zu erlernen. Führung im Kontext, also eingebettet in eine mehr oder eben weniger erfolgreiche Organisation, wäre demnach die einzige überhaupt legitim zu analysierende Konstellation. Auch darauf lässt Sprenger sich ungern ein, liefert aber Orientierung, indem er konstatiert, »… ein Unternehmen ist dann gut geführt, wenn es gute Produkte produziert und diese zu fairen, *marktgebildeten* Preisen anbietet …«[33]. Das ist eine sehr technokratische Betrachtung, aber dafür in dieser Granulierung eine eindeutige und obendrein leicht zu verstehende.

2.3 Das immergleiche Bedürfnis – Menschen wollen anerkannt werden

Sehr wohl jedoch gibt es ein *Führungsverhalten* – einschließlich der damit verbundenen *Kommunikation* –, das den Erfolg einer Organisation behindern oder befördern kann. Die Art und Weise, wie ich Menschen behandle, unterliegt natürlich situativen und kulturellen Faktoren[34], jedoch gibt es einen immergleichen Kern. Menschen wollen überall auf der Welt respektiert und wertschätzend behandelt werden. Das kann ich aus jahrelanger direkter interkultureller Arbeitserfahrung sagen. Wenn es Führungskräfte schaffen, Respekt und Wertschätzung glaubwürdig zu vermitteln, ist die universelle Basis gelegt für eine mindestens *erfolgversprechende* und im Idealfall *erfolgreiche* Führung, für eine Gefolgschaft mit hoher Resilienz auch gegenüber widrigen Bedingungen außerhalb der Führungsthematik. Wie dies gelingt, erörtern wir in diesem Buch.

31 Vgl. ebd., S. 24 ff.

32 Auf weitere Quellen verzichte ich hier zugunsten der besseren Lesbarkeit, ein Blick auf die Bestsellerlisten der Führungsliteratur über die letzten 20 Jahre sollte genügen.

33 Ebd., S. 26.

34 Meine Standardempfehlung zu diesem Thema: Hofstede, Geert (1991): Cultures and Organizations. Software of the Mind. McGraw-Hill International (UK) Limited.

Die drei Vordenker Drucker, Malik und Sprenger habe ich übrigens nicht nur wegen ihrer außergewöhnlichen Reputation herangezogen, sondern auch aufgrund ihrer Präzision in den Ausführungen und Gedanken, die man nicht häufig findet. Alle drei haben ihre Konzepte ganzheitlich durchdacht und messen diese, zumindest punktuell, an der Praxis. In jedem Fall besteht eine große Überlappung zu meinen und unseren Beobachtungen und Erkenntnissen aus über 20 Jahren Beratungsarbeit mit unterschiedlichsten Menschen und Unternehmen. Das kann man anekdotisch nennen oder aber einen Lackmustest. Ich unterstelle den Lackmustest.

2.4 Zwischenfazit

Zusammengefasst können wir demnach folgende Annahmen treffen:

- Führung ist per se zur Gestaltung einer Organisation notwendig, wenn auch nicht per se qualifizierbar.
- Führung lässt sich daher nicht vermeiden, wenn eine Organisation überleben soll.
- Führungskompetenz ist nicht angeboren, sondern erlernbar, wenn auch die Wirksamkeit oder Angemessenheit eines Führungsverhaltens nur in einem konkreten Umfeld betrachtet und entfaltet werden kann.
- Erfolgversprechende Führung ist ohne Verbindlichkeit und Verantwortungsübernahme nicht möglich.
- Ohne Wertschätzung der Menschen ist sie ebenfalls nicht möglich.
- Besonders in Deutschland hört man aus vielen Unternehmen, dass die junge Generation vermehrt nicht an Führungsaufgaben interessiert sei, sich mit der Übernahme von Verantwortung schwertue und überhaupt das Privatleben vor das Arbeitsleben stelle.
- Die junge Generation kenne keine Loyalität zum Unternehmen im klassischen Sinn, allenfalls ließe sie sich durch einen empfundenen, gerechten Unternehmenszweck (Purpose) beeindrucken.
- Es dürfte daher immer schwerer fallen, auch jenseits der juristischen Schriftstücke einen Vertrag, quasi eine implizite Vereinbarung, zwischen Arbeitnehmer und Arbeitgeber zu schließen, der auf beiderseitigem Vertrauen, beiderseitiger Verantwortungsübernahme und beiderseitiger Verbindlichkeit beruht.

Selbst wenn sich die letzten drei Feststellungen nicht in dieser Klarheit bestätigen lassen sollten, ist allein der Trend Alarmsignal genug. Konsequent zu Ende gedacht, bedeutet dies nichts anderes als die Gefährdung unserer wirtschaftlichen Basis und übrigens auch der gesellschaftlichen, wenn wir an die zahlreichen sozialen Unternehmungen bis hin zu Krankenhäusern und Pflegeeinrichtungen denken.

Keine Frage, das Konzept und Prinzip der Führung, wie es über die letzten Jahrzehnte gültig war, ist in Not geraten. Wenn es uns nicht direkt in die Sackgasse führt, so doch auf einen Weg, der die Versprechung von *New Work* nicht erfüllt. Dieser Weg wird nicht in eine Zukunft führen, in der wir unseren Lebensstandard mindestens halten, in der wir nur noch tun, was unserem inneren Anliegen entspricht, und die wir möglichst im Einklang mit Nachhaltigkeitskriterien gestalten.

Allerdings halte ich wenig bis gar nichts davon, die junge Generation oder überhaupt eine bestimmte Generation für ihre Denkweisen, Forderungen und Verhaltensweisen zu kritisieren oder gar zu fordern, man möge sich ab sofort bessern im Sinne des Althergebrachten. Vielmehr möchte ich anregen, Führung zumindest in Teilen neu zu begreifen und zu leben. Dieses Verständnis sollte aber nicht, wie meist heute, Vor- oder Vorausdenken bleiben, sondern im Idealfall Standard werden.

3 Führung oder Management?

Klären wir erst einmal den Unterschied zwischen *Führung* und *Management*, denn beide Begriffe wirbeln offensichtlich selbst bei den renommiertesten Vordenkern bisweilen durcheinander. Gemäß dem Anspruch dieses Buches sollten wir hier einen pragmatischen Ansatz wählen und uns nicht in Wortklaubereien verlieren. Ein wenig Licht ins Dunkel werden wir gleichwohl bringen müssen oder es zumindest versuchen.

Über weite Strecken wirkt es in der einschlägigen Literatur zunächst so, als bestehe gar kein relevanter Unterschied zwischen den beiden Begriffen *Führung* und *Management*. Wiederum mag die Sprachbarriere zwischen den US-amerikanischen Autorinnen und Autoren und den deutschsprachigen eine Rolle spielen. Gerade in den USA werden unter *Leadership* oft Aktionen einer Person beschrieben, die auf Persönlichkeitsmerkmalen beruhen und die diese Person allein aufgrund der daraus resultierenden Führungsqualitäten zum *Leader* machen. In den *Management*-Etagen oder -Funktionen eines Unternehmens sind aber keinesfalls en gros die Sachbearbeitungs- oder Expertenrollen vereint, sondern überwiegend Führungsrollen, auch nach unserem europäischen Verständnis.[35] Wir finden also in Positionen, die qua Organigramm Führungspositionen sind, nach diesem Verständnis sowohl *Manager* als auch *Leader*, teils in Personalunion.

Der, wenn auch nicht trennscharfe, Konsens dürfte daher folgender sein: *Manager* ist die Stellen- und Aufgabenbeschreibung, *Leader* die Persönlichkeitszuschreibung. Daraus erwächst ein durchaus unterschiedliches Verständnis von Management und Leadership. Ob dies auch für *Management* und *Führung* gilt, werden wir in einem weiteren Schritt untersuchen.

Anleihen bei Marvin Bower

Als eine der wenigen Stimmen aus den USA hat sich Marvin Bower, der langjährige Global Managing Partner von McKinsey&Company (McK) zum direkten Vergleich von Leadership und Management geäußert. Er verbindet Leadership vor allem mit einer gewissen Motivation, Freiheit und Eigenverantwortung, das eigene Umfeld im Unternehmen positiv im Sinne des Unternehmenszwecks zu beeinflussen. Besonderen Wert legt er auf die Verankerung eines Leadership-Geistes in der gesamten Organisation durch die Bildung von Teams, die diesen Geist leben und auch selbst weiterentwi-

35 Ich setze hier, womöglich etwas großzügig, das deutsche Wortverständnis mit dem europäischen gleich, auch wenn mir gewisse Unterschiede, zumal zu den angelsächsischen Ländern, bewusst sind. Auch verzichte ich hier aus pragmatischen Gründen auf eine empirische Gegenüberstellung von Leadership und Management in der US-amerikanischen Fachliteratur.

ckeln. Management ist für ihn die technokratische Ausführung von Aufgaben in einer althergebrachten hierarchischen Organisation.[36]

Beeindruckend ist, welche Entwicklung Bower selbst durchlebt hat, denn seine Erkenntnisse über Management[37] verfasste er 1966, die über Leadership gute 30 Jahre später mit über 90 Jahren (Bower starb im Jahr 2003 mit 99 Jahren). Der Themenkomplex schien ihm also überaus relevant. Zudem steckt in seinen Erkenntnissen jede Menge weltweit gesammelter Empirie, da er bis zu seinem Lebensende arbeitete und eng mit McK verbunden blieb.

3.1 Management und Leadership – nicht oder selten dasselbe

Der zweite große Protagonist in dieser Frage dürfte John P. Kotter sein, eigentlich ein Experte für Veränderungen in Organisationen. Er hat eine gewisse empirische Grundlagenforschung zu den Unterschieden von Leadership und Management betrieben.[38] Für Kotter gibt Leadership überhaupt erst die Richtung für alles Handeln im Unternehmen vor – erkannt und ausgeführt hat er dies in seinen konkreten Untersuchungen von Veränderungen in Organisationen –, während Management für die gewünschte Umsetzung sorgt. Leadership beantwortet die Grundsatzfragen und Management die operativen Fragen der Umsetzung von Richtungsentscheidungen der Leader. Auch wenn Kotter an vielen Stellen keine scharfen Abgrenzungen vornehmen kann, wird deutlich, dass Leadership ein weitsichtiges strategisches Mit- und Vorausdenken erfordert. Management eher nicht. Ähnlich übrigens verbinden Warren Bennis und Burt Nanus in ihrem bis heute populären Standardwerk den Begriff Leadership mit Effektivität und den Begriff Management mit Effizienz.[39]

In Europa haben sich beispielsweise Hans H. Hinterhuber und Eric Krauthammer intensiv dem Unterschied von Leadership und Management gewidmet. Die Quintessenz, die besonders heraussticht, ist folgende Gegenüberstellung:[40]

- Während Management das Erreichen vereinbarter Ziele sichert, bei Bedarf durchaus innovativ oder kreativ, sichert Leadership die Vorbereitung auf kommende Herausforderungen.

36 Vgl. Bower, Marvin (1997): The will to lead: running a business with a network of leaders. Harvard Business School Press. S. 7 f.

37 Vgl. Bower, Marvin (1966): The will to manage: corporate success through programmed management. McGraw-Hill.

38 Vgl. Kotter, John P. (1990): A force for change. How leadership differs from management. The Free Press.

39 Vgl. Bennis, Warren/Nanus, Burt (2007): Leaders. Strategies for Taking Charge. Collins Business Essentials. S. 20. Auf derselben Seite steht übrigens die bis heute gern zitierte Definition »Managers are people who do things right and leaders are people who do the right thing«, die gelegentlich fälschlich Peter Drucker zugeschrieben wird.

40 Vgl. Hinterhuber, Hans H./Krauthammer, Eric (1997): Leadership – mehr als Management. Gabler (heute Springer Gabler). S. 16. Die Darstellung ist hier in eigenen Worten präzisiert worden.

- Während Management das Bestehende optimiert, antizipiert und initiiert Leadership Veränderungen.

Damit sind Hinterhuber und Krauthammer nahe bei Bower und Kotter – Amerika trifft Europa.

Es fällt auf, dass Leadership immer wieder mit strategischen Aufgaben und mit Vorausdenken in Verbindung gebracht wird, nicht unbedingt mit systematisierter oder komplett verantwortlicher – also disziplinarischer und fachlicher – Menschenführung. Ganz anders in der deutschen Konnotation von Führung: Hier schwingt immer und sofort das Element der disziplinarischen Personalverantwortung mit.

Ein kleiner Einschub: Genau diese Implikation schreckt viele Young Professionals ab, jedenfalls wenn man den bereits erwähnten Studien glauben darf. Sie wollen im Trend keine Verantwortung für die Beurteilung und Entwicklung anderer Menschen übernehmen. Vielleicht auch, weil viele von ihnen als Einzelkinder aufgewachsen und damit sich selbst genug sind, wie es immer mal wieder aus der Wissenschaft tönt. Der Verdacht der Küchenpsychologie mag hier naheliegen, doch das Phänomen an sich steht im Raum. Wie man damit umgehen kann, werden wir in diesem Buch noch weiter ausarbeiten, eine einfache Antwort gibt es nicht.

3.2 Leadership und Führung – bedingt dasselbe

Sowohl Kotter als auch Bower sehen eine Verbindung von Leadership und Führung im Sinne einer Aufgabe, die von Personen in gewissen Positionen oder Rollen als Teil des Tagesgeschäfts erwartet wird. So ist für Bower ein gewisses Verständnis für und von Menschen, »sensitivity to people«[41], eine essenzielle Dimension von Leadership, ebenso wie jeder Leader die *Entwicklung von Menschen* als eine von immerhin nur vier fundamentalen Verantwortlichkeiten zu betrachten hat.[42] Auch die anderen drei Dimensionen, nämlich respektvoll mit allen Gefolgsleuten – auch über das eigene Team hinaus – umzugehen, diese in ihrem Selbstvertrauen zu stärken und sie zu echten Beteiligten zu machen, also ihre Entfaltung zu ermöglichen, verlangen von Leadern den Fokus auf andere Menschen als essenzielles Element ihrer Rolle.

Leadership ist also in der Tat mit dem Auftrag zur Personalentwicklung verbunden, entweder unmittelbar oder als perspektivischer Auslöser nach (unternehmens)strategischen Entscheidungen. Nicht gesagt ist aber, ob Personalentwicklung im traditio-

---

41 Bower, Marvin (1997): The will to lead: running a business with a network of leaders. Harvard Business School Press. S. 36.

42 Vgl. ebd., S. 51 f.

nellen Sinn mit systematischen Beurteilungsroutinen und begleitenden Seminar- oder Coachingprogrammen unter direkter Verantwortung der Leader erfolgen soll.

Ebenso wenig ist klar, ob die Führungskraft zwingend disziplinarische Verantwortung einschließlich des potenziellen Aussprechens von Kündigungen wahrzunehmen hat. In der Gesamtschau interpretiere ich Bower und Kotter eher so, dass dies nicht der Fall sein muss, sondern vor allem die innere Einstellung und der Wille vorhanden sein muss, anderen Menschen aus der Organisation zum Erfolg zu verhelfen.[43] Und dies kann auch aus funktionalen Rollen heraus erfolgen. Es geht darum, Menschen bei ihrer Weiterentwicklung, wo und wie immer möglich, zu unterstützen. Leadership und Führung sind demnach eng verwandt, aber ob sie dasselbe sind, ist eine Frage der Interpretation.

Dazu passen mindestens zwei weitere Zuschreibungen seitens Bower, nämlich Initiative[44] und »sense of urgency«[45], das Gefühl für den Handlungsdruck. Für ihn bedeutet Leadership, die Initiative zu ergreifen, wenn sich die Möglichkeit bietet oder wenn das Handeln sogar der Imperativ ist. Bower fordert hier nichts weniger als das schnelle, konsequente Handeln, um dem Wettbewerb voraus zu sein. Diese unmittelbare Verknüpfung von Leadership und Wettbewerbsvorteil findet sich auch bei Bennis und Nanus, die hierzu den Begriff der *Vision* heranziehen. Während *Vision* gerade in Deutschland bisweilen negativ konnotiert ist, gilt dies für die USA nicht. Für Bennis und Nanus zeichnet sich die Vision im Leadership-Kontext dadurch aus, dass Führungskräfte eine Vorstellung davon haben, wie eine Organisation in der Zukunft aussehen kann, um den gegenwärtigen Zustand, wie und wo auch immer, zu verbessern.[46] Man kann diese Anforderung auch als das *Vorausdenken* bezeichnen, das wir bereits erwähnt haben – und das im deutschen Kontext möglicherweise besser akzeptiert wird als das Entwickeln von Visionen. In weiterer Verbindung mit Bowers Primat der Initiative landen wir beim *Vorausgehen* als prägnantestem Leadership-Merkmal.

Je enger also der Begriff der Führung mit strategischer Richtungsweisung verknüpft wird, desto eher entspricht er Leadership. Eine disziplinarische Führungsverantwortung erfordert nicht per se Leadership im oben genannten Sinn.

43 Vgl. ebd., S. 52.
44 Vgl. ebd., S. 39 f.
45 Ebd., S. 46.
46 Vgl. Bennis, Warren/Nanus, Burt (2007): Leaders. Strategies for Taking Charge. Collins Business Essentials. S. 82 ff.

3.3 Führung und Management definiert

Wenn aber die disziplinarische Führungsverantwortung nicht zwingend zu Leadership gehört, dann öffnen sich neue Interpretationsmöglichkeiten für das Konzept von Führung. Vor allem ist es eine Einladung, Führung gerade in modernen Organisationsformen neu zu denken und somit in die Zukunft zu transportierten. Dies wiederum bietet die Chance, die Ansprüche und das Leistungsvermögen der jungen Generation und womöglich so mancher erfahrenen Führungs- und Fachkräften besser zu bedienen.

Definieren wir Führung und Management in unserem Kontext also folgendermaßen:

Definitionen

- *Führung* = alle Entscheidungen und Aktionen, die
  1. wenig oder keinen Routinecharakter haben und/oder die
  2. unmittelbar beeinflussende Ausstrahlung auf andere in der Organisation oder eingebundene Externe (als Verlängerung der Organisation) haben, und zwar insbesondere deren Entscheidungen, Handlungen, Arbeitsschritte sowie bedarfsweise auch Qualifikation, fallweise mit potenziell strategischer Bedeutung.

  Wer führt, muss den Willen und die Möglichkeit haben, anderen zum Erfolg zu verhelfen, und zwar qua Position und qua persönlicher Einstellung. Führung kann weiterhin bedeuten, in Momenten des Zweifelns und der Unsicherheit initiativ das Zepter in die Hand zu nehmen und einen gangbaren Weg zu weisen. Gleiches gilt für das Vorausdenken mit unternehmensstrategischer Auswirkung, das besonders im US-amerikanischen Kontext als Entwicklung von Visionen benannt wird, dem sich das Vorausgehen anschließt. Konsequente Führung in diesem Sinn, insbesondere gemäß den beiden letzten Punkten, ist gleichzusetzen mit *Leadership*.
- *Management* = alle Entscheidungen und Aktionen, die
  1. einen hohen Routinecharakter haben und die
  2. der Ausführung von prozessual oder organisatorisch erforderlichen Aufgaben dienen, seien sie selbst erbracht oder delegiert.

  Beim Management steht die Entwicklung von Menschen nicht im Vordergrund.

Schon wird deutlich:

- Stellenbezeichnungen sagen nicht unbedingt etwas darüber aus, ob eine Position eher Führung/Leadership, Management, Sachbearbeitung oder Spezialistenaufgaben bis hin zum Handwerk beinhaltet.
- Jede Führungskraft übt auch Managementaufgaben aus, doch nicht jede Managementaufgabe schließt Führung ein.
- Nicht jeder Manager, nicht jede Managerin ist automatisch Führungskraft und umgekehrt muss nicht jede Führungskraft eine klassische Linienposition mit disziplinarischer Personalverantwortung ausfüllen.
- Nicht jede Führungskraft muss nach US-amerikanischem Verständnis alle typischen Leader-Eigenschaften des Beeinflussens und strategischen Vorausgehens

besitzen, aber doch den Willen, Menschen zum Erfolg zu verhelfen und sie in ihrer Entwicklung zu unterstützen.

- Führungskräfte, die qua Aufgabeninhalt oder Position eher dem Managementtypus entsprechen, können gleichwohl punktuell, situativ oder phasenweise Leadership zeigen.
- Manche, vor allem nichtstrategische Führungsaufgaben könnten auch als Managementaufgaben interpretiert werden, während das strategische Vorausdenken, das Innovieren und das daraus erwachsende Vorangehen die klare Leadership-Komponente in der Führung (aber nie im Management) ist.

In aller Konsequenz auf eine gesamte Organisation bezogen, ist dieses Führungsverständnis eine kühne Vision und hehre Anforderung. Es bedeutet nichts weniger, als Funktionen mit den hier definierten Merkmalen als Führungsrolle zu begreifen, auch wenn sie vorher genau nicht als solche betrachtet wurden. Diese Rollen sollen als Führungsfunktion aber keineswegs klassisch ausgelegt oder gar umgedeutet werden, nein, sie sollen als *moderne* Führungsrollen interpretiert und gelebt werden.

3.4 Ein einheitliches Führungsverständnis ist kein Selbstläufer

Dass ein einheitliches Verständnis von traditioneller und zukunftsweisender Führung erreicht wird, ist allerdings kein Selbstläufer. Zu oft werden Erkenntnisse aus ihrem kulturellen Kontext gerissen und verabsolutiert, es werden tatsächliche Befunde unbeabsichtigt in scheinbare verwandelt. Ein häufiger Grund für die falsche Verallgemeinerung liegt darin, dass die Unternehmen, in denen eine Umfrage abgehalten wurde, weltweit agieren. Die Gefahr ist dadurch groß, dass beispielsweise landestypische Verhaltensmuster, die in der Landesgesellschaft des Unternehmens identifiziert wurden, für allgemeingültig erklärt werden. Was beispielsweise in England gilt, wird auf Europa übertragen, oder was in den USA entdeckt wurde, wird auf die ganze US-amerikanisch orientierte Wirtschaftswelt übertragen.

Diese Verzerrung muss gar nicht explizit geschehen, es reicht, dass ein Magazin, in dem eine Studie veröffentlicht wird, international erscheint oder dass eine Studie ins Internet gestellt wird. Schon geistert eine Schlagzeile um den Globus, die eine allgemeingültige Erkenntnis suggeriert. Erst bei aufmerksamem Lesen der Meldung oder des Beitrags wird die manchmal sehr starke Einschränkung der Aussage deutlich. Doch dann kann es zu spät sein, schon haben neue Glaubenssätze in den Diskurs gefunden, oder bestehende – ob richtig oder falsch – werden verstärkt. Und dieser Mechanismus auf dem Weg zur falschen Schlussfolgerung ist längst nicht die einzige.

Schauen wir uns diese Verhältnisse genauer an, um ihnen entsprechend begegnen zu können.

4 Grenzen bekannter Glaubenssätze

Ob wir die Grenzen des Bekannten in diesem Buch überwinden können, sei dahingestellt, ich möchte aber auf die Problematik von Modellen an sich hinweisen. Nun ist es ja bekannt, dass Modelle immer nur ein Abbild sind, das der Realität mehr oder eben weniger nahekommt. Im Führungskontext allerdings können die Auswirkungen von Modellen dramatisch – positiv oder negativ – sein, wenn das Topmanagement großer Konzerne die eine oder andere vermeintliche oder tatsächlich Weisheit als Blaupause für die eigene Führungskultur übernimmt.

Auch die prominentesten Experten und Autorinnen unterliegen in ihren Modellen den Limitierungen der eigenen Erlebniswelten und Untersuchungsmethodik. Nehmen wir die vielen Veröffentlichungen der Harvard Business School (HBS). Fraglos arbeiten und forschen an der HBS mit die klügsten Geister überhaupt. Und ebenso fraglos erzeugen und publizieren sie jede Menge wertvolles Wissen, natürlich auch über Führung. Einige Quellen mit bahnbrechenden Erkenntnissen, die ich in diesem Buch zitiere, stammen von der HBS.

4.1 US-amerikanischer Bias

Bis dato weisen die mit Abstand meisten Publikationen in ihren Erkenntnissen einen US-amerikanischen Bias auf, wenn auch in unterschiedlicher Ausprägung. Sie entstammen der Arbeitswelt US-amerikanischer Unternehmen oder den US-Ablegern von Weltkonzernen. Folglich beziehen sie sich vornehmlich auf Organisationen mit einer US-amerikanisch geprägten Kultur (soweit es eine solche gibt). Es werden reihenweise Studien aus den USA veröffentlicht und von den Medien griffig ›verschlagzeilt‹. Implizit schwingt immer die Gültigkeit für Europa und Deutschland mit. Wenn ein Phänomen erkennbar noch nicht eingetreten ist, dann dürfte es aber bald so weit sein. Dies ist immer wieder die Botschaft.

Ob sich die so gewonnenen Erkenntnisse einfach auf andere Länder, geschweige denn Kontinente, übertragen lassen, erscheint mindestens unklar. Daher führe ich hier zwar auch – inzwischen unbestritten akzeptierte – grundlegende Forschungsergebnisse aus den USA an, bin aber sehr vorsichtig mit Momentaufnahmen wie etwa Zufriedenheitsbefragungen oder Präferenzen am Arbeitsplatz.

4.2 Einzelfälle werden verallgemeinert

In die gleiche Richtung geht der Unternehmensvergleich. Gerade die HBS-Veröffentlichungen ziehen oft konkrete Beispiele und Fallstudien heran, die ein Problem und dessen Lösung beschreiben. Diese Methode hat einen immensen Vorteil: Sie zeigt eine Situation bildhaft und eben konkret. Es geht meistens ohne großes wissenschaftliches Geplänkel zur Sache. Dieser Wert ist kaum zu überschätzen.

Groß ist leider auch der Nachteil: Die Übertragbarkeit auf andere Organisationen oder auch nur ähnliche Situationen bleibt offen. Zu viele Faktoren (gesellschaftliche Kultur, Unternehmenskultur, Unternehmensgröße, Führungsspanne, Entscheidungswege etc.) spielen hinein, zu komplex oder vielleicht auch nur kompliziert[47] mag die eigene Situation sein. Daher verzichte ich in diesem Buch weitgehend auf die Präsentation von Beispielunternehmen. Immerhin, als Inspirationsquelle, halte ich den Fallstudienansatz für sehr gut.

4.3 Idealistisches und vereinfachtes Menschenbild

Eine weitere, höchst kritische Limitierung ist das Menschenbild, und zwar in allen Facetten. Viele große Geister bewegen sich zu häufig oder zu stark in ihrer eigenen Werte- und Normenwelt. Sie entwickeln meist in sich schlüssige –manchmal auch nicht durchdachte – Modelle, wie Führungskräfte ihre unmittelbar zugeordneten Teams oder gleich eine ganze Organisation, quasi systemisch die Belegschaft, zu behandeln haben.

Ich habe hierzu meine eigenen Erfahrungen gemacht. Als Schüler und Student habe ich in der Schraubenproduktion gearbeitet, war als junger Mensch in verschiedenen Sportvereinen aktiv – auch als Leistungssportler –, habe an der Universität an Forschungsprojekten teilgenommen, habe als Lehrer und Personalberater gearbeitet, unterhalte bis heute durch meinen Beruf regelmäßige Kontakte quer durch die Unternehmenshierarchien und unterrichte als Dozent Studierende. Drei Kinder habe ich mit meiner Frau in die Welt gesetzt und versuche mich an deren Erziehung.

Das Bild von Menschen, das man in diesem bunten Reigen zu sehen bekommt, ist eben – bunt und vielfältig. Diese Vielfalt zeigt sich auch in den Einstellungen der Menschen, unter anderem zur Arbeit. Ich habe Menschen kennengelernt,

- für die Arbeit der berühmte Broterwerb war und sonst nichts,
- für die Arbeit alles bedeutete,
- die sich klare Zielvorgaben wünschten,
- die sich ihre Ziele selbst setzen wollten,

47 Zur Erinnerung, da gern verwechselt: Wenn etwas komplex ist, dann bleibt es aufgrund vieler Faktoren, deren wechselseitige Abhängigkeit oder Beziehung zudem nicht abschließend ergründet werden kann, undurchschaubar. Wenn etwas kompliziert ist, mag es aus vielen Schritten und Faktoren bestehen, doch deren wechselseitige Abhängigkeit oder Beziehung kann analysiert und beschrieben werden – es ist also operationalisierbar und steuerbar.

- die eine regelmäßige intensive Rückmeldung brauchten,
- die am liebsten in Ruhe gelassen werden wollten,
- die reiselustig waren,
- die am liebsten jeden Abend ins selbe Bett gingen und ja, sogar solche,
- die von Geld über eine signifikante Strecke ihres Arbeitslebens hinweg ernsthaft motiviert waren, die es also gemäß der Motivationsforschung gar nicht geben dürfte.

Ich könnte noch zahlreiche andere Beispiele nennen, die dem seitens der Forschung oder der Beraterszene häufig unterstellten Menschenbild rundweg widersprechen. Von interkulturellen Differenzen möchte hier gar nicht erst reden.

Ist das nun schlimm? Ich denke nein, solange man die Verhältnisse richtig einordnet. Was so mancher Experte und so manche Autorin zugrunde legen, sind in ihrer Absolutheit nicht die *wahren* Verhältnisse, es sind die *gewünschten* Verhältnisse eines vor allem von Wertschätzung, Eigenverantwortung, Aufklärung und Ehrenhaftigkeit geprägten Menschenbildes. Alle Empfehlungen in puncto Führung, die auf diesem Menschenbild beruhen, greifen auch nur in einer Welt, die diesem entspricht.

Diese Limitierung muss uns hier klar sein. Das differenzierte Menschenbild kann ein Führungsverständnis eventuell praxisfester machen. Und selbst in vielen Publikationen und Ratgebern, denen ein idealistisches Menschenbild zugrunde liegt, blitzt ein gewisser Realismus immer wieder auf. Allerdings kollidieren diese realistischen Schlaglichter notwendig mit dem unterstellten idealistischen Menschenbild, werden also als Ausnahme oder als nicht entscheidend abgetan. Dieser Widerspruch lässt sich umso weniger lösen, je mehr für die Menschenbildkonzepte ein Absolutheitsanspruch erhoben wird. Übrigens: Das Arbeiten an sich selbst oder an Mitmenschen, um einem idealistischen Menschenbild näherzukommen, möchte ich hier in keiner Weise verunglimpfen. Wer damit aufhört, hat sich im Grunde aufgegeben.

4.4 Das Grüner-Tisch-Syndrom

Darüber hinaus haben wir es immer wieder mit einem der Beschaffenheit nach sehr banalen, aber folgenreichen Phänomen zu tun, das ich das *Grüner-Tisch-Syndrom*[48] nenne. Zu viele kluge Vordenkerinnern und Vordenker bewegen sich nur noch unter ihresgleichen, und zwar nicht nur in der Gedankenwelt, sondern oft auch physisch. Sie kennen die Produktion und ihre Werker nicht, sie kennen die Programmierteams nicht und sie kennen den Außendienst nicht. Sie kennen aus der Praxis allenfalls die Welt des Topmanagements und der Hochgebildeten, der Herausgehobenen.

48 Die Herkunft des Wortes ist ungeklärt, allerdings waren etwa Verhandlungstische früher oft grün bezogen, auch da diese Farbe in der Heraldik eher untergeordnet war und sich als neutrale Farbe eignete. Der grüne Tisch gilt als Ort der Entscheidungen mit wenig Praxisbezug. Vgl. Wikipedia und Duden.

Vereinzeltes Abtauchen in die Realität vor Ort genügt nicht, um praxisfeste, gesicherte Erkenntnisse zu erlangen. Auch Umfragen liefern für sich genommen nur wenige praxisrelevante Einblicke, seien sie noch so ausgefeilt. Das *Grüner-Tisch-Syndrom* erwähne ich gar nicht als Vorwurf, denn wir alle müssen unseren Alltag bestreiten, der je nach Profession eben mehr oder weniger Zeit für das Abtauchen in die breiten Facetten des (Arbeits-)Lebens lässt. Man muss sich dessen nur bewusst sein und Aussagen oder vermeintliche Erkenntnisse entsprechend für sich einordnen.

Der bulgarische Politologe Ivan Krastev bringt es auf den Punkt:

> Dazu fällt mir eine Geschichte ein. Eines Tages sagte Gary Becker, der berühmte Nobelpreisträger der Chicago School, zu einem Freund von mir: »Ich habe eine großartige Studie darüber geschrieben, warum die Leute vor den Restaurants in Chicago Schlange stehen.« Mein Freund antwortete: »Gary, hast du jemals mit einer Person in der Schlange gesprochen?« Becker, der Ökonom, erwiderte: »Nein, aber ich habe ein absolut brillantes Modell.«[49]

So humorvoll Krastev das Grundproblem hier schildert, so ernst ist der Hintergrund. Zum Glück ist die Lösung ebenso trivial wie das Problem: Man schaue sich die Verhältnisse vor Ort intensiv an. Es geht also weniger darum, vom Menschen etwas kaum zu Leistendes einzufordern, sondern eher darum, sich immer mal wieder zu hinterfragen und sicherzustellen, dass man sich lange und intensiv genug in den Kreisen bewegt, über die man etwas kundtut – oder die man führt.

Auch grobe Verallgemeinerungen können Teil des *Grüner-Tisch-Syndroms* sein, wenn man sie als Regel betrachtet. Nehmen wir beispielsweise einen jüngst in den Medien der Harvard Business Press weltweit verbreiteten Artikel mit dem Tipp, dass Führungskräfte es ihrem Team überlassen sollten, wie und wann sie ihre Arbeit erledigen, und stattdessen stärker den Sinn der Arbeit und die Vision hinter den Ergebnissen darstellen sollen[50] – ein Credo, das immer wieder in der Fachliteratur auftaucht und auch richtig sein *kann*. Das ganze Problem stellt sich erfolgskritisch nur in Aufgabengebieten, die nicht vom Kunden bestimmt oder gar getaktet werden. Hier zeigt sich das typische Bild der nicht durch Produktionsunternehmen geprägten USA und der völlig anderen Arbeitswelt im Vergleich zu Gesellschaften mit einem hohen Anteil an modern produzierenden Industrieunternehmen. Natürlich ist und bleibt Mikromanagement unerwünscht, aber wer in einer Just-in-Time-Kette unter strengen Quali-

49 So Ivan Krastev in einem Interview, das eigentlich ein anderes Thema zum Kern hatte, in Die Presse online – im Literaturverzeichnis erscheint die Quellenangabe unter dem Redakteur Christian Ultsch.

50 Vgl. Barnard-Bahn, Amii/Le Pertel, Noémie (2023): Was Führungskräfte von Managern unterscheidet. Harvard Business manager online, 07.09.2023. Die Aussage im englischen Originaltext lautete: »Successful managers focus on outcomes, not how or when the work gets done.«

tätsvorgaben arbeitet, kennt den Rahmen und meistens auch den Arbeitsort. Es gibt schlicht nicht die Flexibilität, die in vielen Forschungsberichten suggeriert wird.

Das *Grüner-Tisch-Syndrom* ist übrigens so verbreitet, dass dessen Vermeidung im Qualitätsmanagement, genauer in der kontinuierlichen Verbesserung nach dem Toyota Way eine eigene Routine bildet. Man betreibt hierzu *genchi genbutsu*: »Vor Ort an der Sache – immer an den Ort des Geschehens zu gehen, um die richtigen Entscheidungen zu treffen, Konsens zu bilden und Ziele zu erreichen.«[51] Die weltweite Verbreitung von *genchi genbutsu* auch außerhalb von Toyota spricht für die Virulenz des Problems und die Verlässlichkeit der Lösung gleichermaßen.

4.5 Bezug auf Schönwetterphasen

Weiterhin ist zu beobachten, dass sich die überwältigende Mehrheit der Publikationen über Führung *nicht* auf Phasen der Restrukturierung oder gar auf Sanierungen bezieht. Natürlich gibt es zu diesen Themen viele Untersuchungen wie auch zum Thema Veränderungsmanagement.[52] Doch nehmen diese typischerweise eine situationsbezogene oder eine stark strategisch-betriebswirtschaftliche Sicht ein. Es wird der Eindruck vermittelt, es handele sich um Ausnahmesituationen, die irgendwie oder nach einem bestimmten System bewältigt werden müssen, um dann wieder zum Tagesgeschäft überzugehen. Das ist sicher nicht ganz falsch, aber doch nur die halbe Wahrheit. Veränderung *ist* das Tagegeschäft vieler Unternehmen, jedenfalls ab einer gewissen Größe oder bei einem breiten Produktportfolio oder bei Tätigkeit in sehr volatilen Branchen – um nur einige Beispiele zu nennen.

Daher sind Führungskonzepte in den allermeisten Fällen mit der Einschränkung zu verstehen, dass sie sich auf geregelte Phasen der Unternehmensleitung beziehen, die wiederum nur einen Ausschnitt der Wirklichkeit abbilden. Die Abhandlungen, die sich mit Veränderung und Unternehmensumbau befassen, sehen den Führungsaspekt wiederum als einen unter vielen. Bestenfalls verknüpfen sie die zu vollziehenden Aktionen mit den Anforderungen an die Führungskräfte[53], selbst wenn auch hier kaum Verbindungen zur Führungsdimension an sich gezogen werden.

51 Https://toyota-forklifts.de/toyota-lean-academy/der-toyota-way/: »Die Seele der Toyota Kultur ist in den Toyota Geboten überliefert, worin der Unternehmensgründer Sakiichi Toyoda seine Überzeugungen festschrieb, und die als sein Vermächtnis nachfolgenden Generationen weitergegeben wurden. Als Leader gilt bei Toyota nur der, der diese Gebote als Wegweiser und Inspiration für die tägliche Arbeit verstanden und verinnerlicht hat.« Das Prinzip genchi genbutsu ist eines dieser Gebote.

52 Vgl. Kotter, John P. (1996): Leading Change. Harvard Business Review Press. Insbesondere sei hier auf die Passage auf S. 33 ff. hingewiesen, in der Kotter sein 8-Phasen-Modell des Veränderungsmanagements entwickelt.

53 Vgl. ebd.

Damit kein Missverständnis aufkommt: Die grundlegenden Regeln, wie Menschen behandelt werden sollten, sind in Umbau- oder Sanierungsphasen absolut gültig, da lege ich mich fest. Viele empfohlene Vorgehensweisen der Kommunikation, der Entscheidungsfindung oder der Leistungskontrolle bleiben jedoch nicht unberührt. Wenn jede Minute zählt, kann ich vielleicht nicht alle Stellen in eine Entscheidung einbeziehen, oder wenn ein Investor den Hebel über Sein oder Nichtsein in der Hand hält, bringt es wenig, den freien Gestaltungsraum und die Selbststeuerung der Teams zu betonen. Ist ein geordnetes Veränderungsmanagement schon herausfordernd, weil es Routinen infrage stellt, werden in existenziellen Phasen definitiv andere Prioritäten gesetzt.

4.6 Kommunikation zur falschen Zeit

Manche Topfiguren der Wirtschaft – beide Geschlechter einträchtig –, die es in die Öffentlichkeit zieht, äußern sich erst nach ihrer Karriere und prangern gern die aktuellen Zustände an. So scheint es zumindest. Manche haben sich mit Kolumnen oder Podcasts ihren Zwischenruf quasi institutionalisiert. Einige bieten sogar handfeste Lösungen an, obwohl sie selbst manchmal kaum lang genug an gleicher Stelle für eine nachhaltige Lösungsumsetzung gearbeitet haben oder arbeiten durften. Selten haben die Ehemaligen tatsächlich in ihrer aktiven Zeit ein Konzept ikonisch und mit Bekanntheit verwendet oder neu entwickelt, das sie dann im aktiven Ruhestand weiter modifizieren und das irgendwann in den globalen Kanon[54] aufgenommen wird – übrigens wieder eher in den pragmatischen und probierfreudigen USA als in Europa oder Deutschland.

Die häufigen Zwischenrufe bergen in jedem Fall die Gefahr eines unangenehmen Nebeneffekts: die quasi rückwirkend befeuerte Erwartungshaltung. So fragen die Medien bisweilen leicht maliziös, warum denn jene Unternehmen, in denen die besonders lauten ehemaligen Top-Executives wirkten, nicht ein noch besseres Ergebnis oder überhaupt ein überzeugendes Ergebnis lieferten, als sie noch an Bord waren. Kritisiert wird dabei nicht nur die wirtschaftliche Bilanz, sondern beispielsweise auch die Unternehmenskultur oder eine schwache Good Corporate Governance. Wer sich spät und auch noch beharrlich zu Wort meldet, bewegt sich auf dünnem Eis. Vielleicht bringt es Michael Mandel, ehemaliger Vorstand der Commerzbank, am besten auf den Punkt, denn er »… will nicht zu ›einem der nervigen Typen werden, die wie im Fußball von der Seitenlinie jeden Spielzug kommentieren, obwohl sie nicht mehr auf dem Feld stehen‹«[55].

54 Als ›Kanon‹ bezeichne ich die Führungs- und Managementkonzepte, die weltweit mit gewisser Regelmäßigkeit als herausragend oder zumindest besonders prägnant zitiert und eventuell umgesetzt werden, weil ihnen – bei aller möglichen Kritik – doch hinreichend großes Lösungspotenzial oder mindestens Inspirationspotenzial zugeschrieben wird oder, im Kontext der Zeit, zugeschrieben wurde.

55 Slodczyk, Katharina (2024): Was macht eigentlich … Michael Mandel? In: Manager Magazin 03/2024, S. 126.

Braucht es also unerhörten Mut, sich überhaupt im Amt offen über zu kritisierende Zustände, erst recht in den eigenen Reihen, zu äußern? Man ist geneigt zu fragen: Warum erst jetzt so laut und nicht damals mit der Wucht des Amts oder der exponierten Stellung? Die Tatsache, dass Stellungnahmen und Einwürfe seitens der aktiven Topführungskräfte oft genug unterbleiben, zeigt nur die typischen Verhältnisse in Unternehmen. Die gelebte Unternehmenskultur entspricht offenbar (noch immer) nicht dem Bild, das als Ideal allzu oft ausgelobt wird. Sie ist nicht offen. Es wird nicht das ehrliche Wort, sondern die strategisch, taktisch oder politisch korrekte Äußerung gewürdigt, ja erwartet. Was den Kriterien entspricht, hängt dabei auch von der Rechtsform und Eigentümerstruktur des Unternehmens ab. Zwischen einer börsennotierten Gesellschaft in Streubesitz und einem Familienunternehmen können Welten liegen. Natürlich ist auch klar, dass man öffentlich ungern das eigene Nest beschmutzt und dass es gesetzliche Einschränkungen gibt, worüber man sprechen darf und worüber eben nicht.

Insoweit stellt sich auch für ehemalige Führungskräfte und ihre Lösungskonzepte, zumindest latent, die Glaubwürdigkeitsfrage. Je länger sich die plötzlich Kommunikationsfreudigen aus dem operativen Geschäft entfernt haben, desto eher kratzen sie – ungewollt – am eigenen Verdienst. Nur wenige erfinden sich glaubwürdig neu oder tauchen regelmäßig ein in die wahren Verhältnisse der Gesellschaft oder Wirtschaft. Das meine ich nicht als Vorwurf, sondern als Feststellung im Hinblick auf die grundsätzliche Vertrauensbildung gegenüber exponierten Führungskräften. Wer das Vertrauen in die eigene Person und einen ganzen Berufsstand fördern möchte, kommuniziert das eigene Anliegen über die konkreten Managementfragen hinaus schon früh und nicht erst aus der Retrospektive.

Natürlich gilt auch: Wer ständig die ungeschminkte Wahrheit sagt, wird es nicht weit bringen, allein schon weil die elementaren Regeln der Höflichkeit und Diplomatie verletzt werden. Aber das klare mutige Wort an der richtigen Stelle zur richtigen Zeit, sofern es die Raison des Unternehmens nicht unterminiert, sollte man doch erwarten können.

Viele Topführungskräfte dürften eine solche Haltung naiv nennen. Dies kann uns ärgern, resignieren lassen oder anspornen. Ich plädiere natürlich für anspornen, zumal ich glaube beobachten zu können, dass sich an der Kommunikationsfront positive Veränderungen zeigen. Digitale, seriöse Kommunikationsplattformen mögen hier segensreich gewirkt haben, denn durch sie haben Topführungskräfte ohne großen Aufwand und flankiert von der internen Kommunikationsabteilung die Möglichkeit, sich öffentlich zu äußern.

Die Kommunikationsfrage genießt nämlich höchste Wichtigkeit in der Bildung und Aufrechterhaltung einer erfolgsförderlichen Unternehmenskultur. Ohne eine angemessene Kommunikation zur richtigen Zeit ist die Bildung von Vertrauen unmöglich, und ohne Vertrauen entsteht keine Kultur, die ein langes Überleben oder doch Erblühen einer Organisation ermöglicht.

5 Führung und Vertrauen

Vertrauen ist eine Bedingung, ohne die es keine erfolgreiche oder wirksame Führung geben kann, ganz gleich in welcher Organisationsform. Auf die Wichtigkeit von Vertrauen in Organisationen haben viele Autoren hingewiesen, selbst Bower als Prototyp des zahlenorientierten Unternehmensberaters[56], und bei Sprenger zieht sich das Vertrauensprimat quasi implizit durch sein gesamtes Werk. Selbst in Publikationen, nach deren Kernaussage Führung geradezu mechanistisch durch bestimmte Verhaltensweisen der Führungskräfte moduliert werden kann und soll, findet sich als implizite Grundlage das Vertrauensprinzip.[57] Kurz: Ohne Vertrauen keine Gefolgschaft, und ohne die funktioniert selbst die hierarchieflachste Organisation nicht.

> Unternehmen, die dem Misstrauen verfallen sind, haben schlechtere Überlebenschancen. Die Führungskräfte, die rechtzeitig die Symptome erkennen, gehen. Das Mittelmaß triumphiert und so sehen in der Regel auch die unternehmerischen Leistungen aus. Der Führung fehlt die Risikobereitschaft, der Innovationswille und die schöpferische Kraft zu Erneuerung. (…) Dem Unternehmen gelingt es nicht mehr, fähige Führungskräfte anzuziehen. Kurz: Mit dem Sieg des Misstrauens ist das Missmanagement programmiert und mit ihm über kurz oder lang die Pleite.[58]

Diese Erkenntnis von Egon P. S. Zehnder stammt bereits aus den 1980er-Jahren und hat doch nichts an Aktualität und Brisanz verloren. Der Vertrauensbildung innerhalb einer Organisation sollte also höchste Priorität gewidmet werden.

5.1 Die Instanz der Vertrauensforschung

Mit dem Trust Management Institut (TMI) gibt es eine Instanz, die die Vertrauensforschung sogar als Kernkompetenz betreibt. Hierzu möchte ich auf meine Zusammenarbeit mit Tom Sommerlatte, dem ehemaligen CEO der Unternehmensberatung Arthur D. Little (ADL) und Mitglied des Gesamtvorstands des damals noch existierenden Gesamtkonzerns ADL, im Rahmen eines kleinen Forschungsprojekts verweisen.

56 Bower, Marvin (1997): The will to lead: running a business with a network of leaders. Harvard Business School Press. S. 59. Bower bezieht sich zwar auf seine Führungsrollen bei McKinsey & Company, doch lassen sich seine Erfahrungen und Thesen durchaus auf jede Organisation übertragen.

57 Beispielhaft sei hier erwähnt: Petersen, Suzanne J. et al. (2021): Führung. Finden Sie Ihren Stil (im Original: How to develop you leadership style). In: Harvard Business Manager 02/2021, S. 36–47. Dieser Artikel zeigt zudem exemplarisch das US-amerikanische – und Europa beeinflussende – Verständnis, wonach schon leichte Verhaltensänderungen einen großen Effekt haben können und diese auch relativ leicht zu erlernen seien.

58 Zehnder, Egon P. S. (1984): Mut zum Vertrauen. Egon Zehnder International GmbH. Nachdruck der Veröffentlichung in der FAZ vom 13. Juli 1984. S. 1.

Dass ich mich mit ihm austauschen durfte, betrachte ich als Privileg und Bereicherung gleichermaßen.

Fraglos gehört Sommerlatte zu den profiliertesten Unternehmensberatern weltweit, er ist sowohl strategisch als auch technologisch geprägt, und doch hat er sich nach seiner operativen Zeit bei ADL insbesondere Führungsfragen zugewandt. Als Weltchef der Unternehmensberatungssparte von ADL hat er schließlich selbst langjährige internationale und interkulturelle Führungserfahrung gesammelt. Durch seine jahrzehntelange Beratungs-, Management- und eben Führungspraxis bringt er einen immensen, aus weltweiten Einsätzen zusammengetragenen empirischen Fundus mit. Diesen hat er in seiner Arbeit für das TMI, dessen Vorstandsvorsitzender er ist, systematisch und wissenschaftlich auf das Thema Vertrauen fokussiert und um aktuelle Untersuchungen bereichert.

5.2 Was bedeutet fehlendes Vertrauen?

Seine Analyse dessen, was Vertrauen und fehlendes Vertrauen für eine Organisation bedeutet, ist aus meiner Sicht unübertroffen präzise und anschaulich:

> In unserer unternehmerischen Praxis hat sich gezeigt und zeigt sich immer wieder, dass die Qualität der Kooperationsbeziehungen zwischen Menschen und Organisationen ein zuverlässiger Indikator für ihre zukünftigen Erfolgschancen ist. Diese Kooperationsbeziehungen werden, so unsere heutige Erkenntnis, erheblich von dem unsichtbaren Vertrag bestimmt, auf den sich die Kooperationspartner mehr oder weniger stark verlassen können. Eher stark, wenn die Beziehung beiden Seiten einen in etwa äquivalenten Kooperationsvorteil bietet, wenn sie bereits vorteilhafte Kooperationserfahrung miteinander gesammelt haben, wenn die Gefahr einer einseitigen Vorteilsnahme zulasten der anderen Seite begrenzt und frühzeitig erkannt werden kann und wenn die Umfeldbedingungen sich nicht radikal verändern. Eher weniger stark, wenn die Machtverhältnisse so unsymmetrisch sind, dass eine Seite die unsichtbaren Vertragskonditionen bestimmen kann, wenn eine der beiden Seiten nicht frei entscheiden kann, sondern möglicherweise dem Druck einer übergeordneten Stelle ausgeliefert ist, und noch weniger, wenn beide Seiten einem solchen Druck ausgesetzt sind und wenn die Umfeldbedingungen sich so radikal verändern, dass die unsichtbaren Vertragsverhältnisse nicht schnell genug angepasst werden können.[59]

59 Sommerlatte, Tom/Fallou, Jean Luc (2012): Quintessenz der Vertrauensbildung. Was Sie tun müssen, um das Vertrauensklima für Innovation und Produktivität zu stärken. Springer Gabler. S. 97.

Aus den Ausführungen von Sommerlatte und seines Co-Autors sowie TMI-Kollegen Jean Luc Fallou klingt innerhalb der Vertrauensbedingung der Vorteil des Egalitätsmoments heraus. Ohne explizit auf moderne, hierarchiearme oder gar non-hierarchische Organisationen einzugehen, stellt Sommerlatte quasi en passant deren Vorzüge im Hinblick auf die Vertrauensbildung dar. Ist Vertrauen also eine Bedingung für gelingende Führung, so sind möglichst geringe hierarchische Unterschiede – man könnte sagen: ist die Begegnung auf Augenhöhe – die Bedingung für den Aufbau und die Sicherstellung von Vertrauen.

5.3 Der Vertrag des Vertrauens

Die Vertrauensbeziehung wirkt wie ein unsichtbarer Vertrag zwischen den Beteiligten, ja er kann sogar als Vertrag der Einzelnen mit dem gesamten Unternehmen als Institution empfunden werden. Ersteres ist das *personenbezogene* Vertrauen, Letzteres das *Systemvertrauen*.

Dabei bleibt eines klar: Vertrauen entsteht entweder zunächst in der direkten Zusammenarbeit mit Menschen oder durch die sprichwörtlichen Vorschusslorbeeren – eben dem Vertrauensvorschuss –, dem man einer Organisation entgegenbringt. Und dieses Vertrauen muss sich jeden Tag aufs Neue bestätigen oder, nach einer Störung, wieder gestärkt werden. Der unsichtbare und doch bestehende Vertrag zwischen allen Beteiligten muss sozusagen regelmäßig gewartet werden. Dies geschieht wiederum durch Verhalten oder durch Dokumente, was der Übergang zum Geschriebenen ist.

Da Organisationen und die Wirtschaft insgesamt hoch dynamische Phasen durchleben können, hält die Erneuerung des unsichtbaren Vertrauensvertrags in der Praxis nicht immer mit.[60] Dabei muss man nicht gleich an die ganz großen Veränderungen wie Unternehmensverkauf oder eine Fusion denken. Auch ein Vorgesetztenwechsel kann eine solche Veränderung sein, im Topmanagement besonders. Dann entstehen kritische Phasen, in denen das Vertrauen leicht erschüttert werden kann, sowohl auf personenbezogener Ebene als auch systembezogen.

Aus unserer eigenen Beratungspraxis kennen wir genügend Fälle, in denen ein Vorgesetztenwechsel oder ein Wechsel im Topmanagement zahlreiche ungewollte Personalabgänge nach sich zog. Hin und wieder konnten wir die Lage mit einzelnen betroffenen Personen intensiv diskutieren. Die Quintessenz ist eindeutig: In allen Fällen wurde der Vertrauensvertrag massiv beschädigt und teils offen gebrochen. Dass dies nicht folgenlos bleiben konnte, wurde im Vorfeld übersehen.

60 Vgl. ebd.

5.4 Vertrauensbildung fängt ganz oben an

Ich weiß nicht, was uns mehr zu denken geben sollte – der offensichtlich achtlose Umgang mit der Vertrauensfrage oder das Erstaunen über die dann folgenden Reaktionen. Es scheint höchste Zeit, der Vertrauensbildung wieder mehr Aufmerksamkeit zu schenken. Präziser, als ersten Schritt muss das Topmanagement die Bedeutung und den eigenen Beitrag zur Schaffung eines Vertrauensklimas erkennen:

> Vertrauen fängt im Kopf an und äußert sich dann im Verhalten, in Entscheidungen und Handlungen. Übertragen auf das Unternehmen bedeutet das: Das Vertrauen muss in der Unternehmensleitung – und hier beim Vorsitzenden der Unternehmensleitung – anfangen, ehe es in die Organisation diffundieren und sich zu einem Vertrauensklima in der ganzen Organisation ausweiten kann, das zu veränderten Verhaltensweisen führt.[61]

Besonders anschaulich finde ich das Wort der »*Vertrauenskaskade*«[62], das Sommerlatte und Fallou in diesem Kontext prägen. Es zeigt, wie stark die Unternehmensspitze in der Verantwortung steht.

Dabei ist die Einführung neuer Vertrauensregeln keinesfalls trivial. Einerseits mag es in einer Organisation bereits Regeln geben, die die Handelnden als Vertrauensregeln akzeptieren. Andererseits kann allein die Unterstellung, man vertraue einander nicht, ungenügend oder auf Basis der falschen Werte, schon als Anmaßung empfunden werden (Reinhard Sprenger lässt grüßen). Auch wir können aus eigener Erfahrung die große Sensibilität bestätigen, mit der man das Verhalten anderer Menschen ansprechen sollte. Wenn es sich dann auch noch um Teamstrukturen oder gar eine Organisation in der Gesamtbetrachtung handelt, wird es noch komplizierter. Man sticht sozusagen gleich ins Wespennest. Noch einmal Sommerlatte und Fallou:

> Wir wissen, wie gefährlich der Versuch sein kann, die direkten Führungskollegen sozusagen aus heiterem Himmel zu einem neuen Vertrauensverhältnis zu bewegen. Schon ihnen zu unterstellen, dass sie sich bisher miteinander und gegenüber ihren Mitarbeitern nicht vertrauensvoll verhalten haben, kann ihre Ablehnung hervorrufen. Schließlich meint eine erfolgreiche Führungskraft, selbst zu wissen, was Vertrauen ist und wie man es dosiert, um die eigenen Ziele zu erreichen und persönliche Risiken klein zu halten. Eine eingespielte Führungsmannschaft hat zudem ihren unsichtbaren Vertrag etabliert, dessen Modifizierung für jeden der Beteiligten ein Risiko ist, ein neuer ›Deal‹, dessen Vorteile erst für jeden von ihnen deutlich werden müssen.

61 Ebd, S. 155.
62 Ebd.

> Unserer Erfahrung nach bedarf es zweier Einwirkungen, um eine Vertrauenskaskade in Bewegung zu setzen: der aus eigenem Verständnis gewachsenen Einsicht jedes Mitglieds der Unternehmensleitung, dass es sich lohnen könnte, auf Vertrauen zu vertrauen, und einer konkreten Führungsherausforderung für die Unternehmensleitung insgesamt, bei der es sich bewähren könnte, wenn die Mitglieder der Unternehmensleitung einander stärker vertrauten.[63]

Die Vertrauensbildung fängt also idealerweise beim Topmanagement an und kaskadiert sich in einem Prozess durch eine Organisation, der durchaus mühevoll und langwierig sein kann. Menschen überzeugen und gewinnen gelingt selten oder nie mechanistisch, sondern ist ein fließender und sich nicht erst am Ende lohnender Vorgang. Es erfordert ein dauerhaftes Bemühen, letztlich die Verankerung in der Unternehmenskultur.

5.5 Faktoren der Vertrauensbildung und -erhaltung

Nun stellt sich noch die Frage, durch welche Faktoren sich ein Klima des Vertrauens im Unternehmen konstituiert. Konzentrieren wir uns gemäß der Zielsetzung dieses Buchs auf die Essenz. Zur Orientierung schlagen Sommerlatte und Fallou folgende sechs Leitfragen vor:[64]

- Wie wird im Unternehmen kommuniziert?
- Wie verlässlich funktioniert die Organisation?
- Welche Perspektive hat das Unternehmen?
- Wie stark identifizieren sich die Mitarbeitenden mit dem Unternehmen?
- Wie hoch ist die Wertschätzung der Mitarbeitenden durch die Unternehmensleitung?
- Wie ausgeprägt ist das Gefühl, zu einer Gemeinschaft zu gehören?

Vertrauen zeigt sich also bei Weitem nicht nur im persönlichen Verhalten, sondern betrifft auch strategische, organisatorische und administrative Grundsätze und Funktionsweisen. Fokussieren wir hier die konkreten personenbezogenen Faktoren, die sich im unmittelbaren Verhalten zeigen, denn diese stellen – wie wir erkannt haben – den Ausgangspunkt aller Vertrauensbildung dar.

Besonders in den Fragen der Identifizierung mit dem Unternehmen und der entgegengebrachten Wertschätzung schwingt eine starke ethische Komponente mit. Nur wer sich an einer bestimmten Ethik orientiert, über die eine gemeinsame Übereinkunft bestehen muss, kann Vertrauensbildung betreiben und damit die Voraussetzung für eine

63 Ebd., S. 98.
64 Ebd., S. 18 ff.

erfolgreiche Führung schaffen. Aus welchem Wertekanon diese Ethik sich im Detail zusammensetzen sollte, lasse ich hier bewusst offen. Zum einen möchte ich nicht moralisieren, zum anderen muss immer der Kontext der Organisation hinzugezogen werden – von der Unternehmensgröße über die Branche bis hin zur gesellschaftlichen Kultur. Wir kennen so manches international oder sogar global operierende Unternehmen, das jenseits eher allgemein gehaltener Werte wie, sagen wir, Wertschätzung des Menschen oder Fairness im Umgang miteinander (wie auch immer dies konkret aussieht) kaum alle Länderniederlassungen unter einem einheitlichen Wertegerüst vereinen könnte.

Wenn wir diese Vorgabe abgleichen mit den ebenfalls bereits zitierten Studienergebnissen über die Erwartungshaltung der jungen Generation (und womöglich auch älterer Generationen), dann schlage ich hier folgende Definition für Vertrauen im Arbeitskontext vor.

Definition

Arbeiten in einer Vertrauenskultur bedeutet, dass man auf einer gemeinsamen Wertebasis für ein gemeinsames Ziel und eine gemeinsame höhere Sache so verlässlich wie sichtbar eintritt – man muss sich dafür persönlich nicht einmal besonders mögen, jedoch respektieren und eine hinreichend große Schnittmenge der Werte erreichen.

Folgt eine Organisation geschlossen diesem Credo, stellt sich unweigerlich das Systemvertrauen als höchste Stufe der Vertrauenskultur ein. Die Vertrauenskultur wird essenzieller Baustein der Unternehmens- oder Organisationskultur.

Dabei kann man als Führungskraft auf das erwünschte Vertrauen nur hoffen – Vertrauen wird eben geschenkt und kann nicht angeordnet werden.

Wenn sich neben dem Topmanagement die Führungskräfte und Mitarbeitenden einer Organisation auf den Weg machen, diesem Zielbild mindestens nahezukommen, ist im Hinblick auf eine erfolgversprechende Führung schon viel gewonnen.

6 Vordenker der kooperativen Führung

Wir haben die transkontinentale Relativierung in der Vorstellung dessen, was Führung beziehungsweise Leadership bedeutet, herausgearbeitet. Ebenso ist die hohe Bedeutung des Vertrauens innerhalb einer Organisation klargestellt – ohne Vertrauensklima kann kein langfristiger Unternehmenserfolg gedeihen.

Doch wie genau lässt sich nun das Vertrauensklima in Erfolg überführen? Zunächst einmal bedeutet Vertrauen, dass Führungskräfte viele Aufgaben und sogar bestimmte Entscheidungen abgeben können an Mitarbeitende oder Teams, die tiefer im Thema stehen. Umgekehrt können sich die Teams ihrer Befähigung und Ermächtigung sicher sein. Sie können davon ausgehen, dass ihr Handeln akzeptiert wird und im Team getroffene Entscheidungen nicht unter dem permanenten Vorbehalt der Führungsetage stehen.

Vertrauen macht einige Hierarchien und Kontrollinstanzen überflüssig. Organisationen, in denen ein Klima des wechselseitigen Vertrauens besteht, können dadurch viel schneller und kundenorientierter agieren als stark regulierte und kontrollierte Pendants. Vertrauen bedeutet Bürokratieabbau. In letzter Konsequenz ermöglicht Vertrauen erst die wahre, aus sich selbst heraus entstehende Kooperation. Nur wer faktisch kooperiert, profitiert vom Vertrauensklima.

Organisationen sollten weniger das formelle Hierarchiedenken fördern als die Kooperation – sowohl strukturell als auch kommunikations- und verhaltensbezogen. In der Kooperation schlummert das Erfolgspotenzial, das habe ich noch in jeder Kultur erlebt, in der ich arbeiten durfte oder musste. Das Verschenken von Potenzial nämlich ist in Zeiten des globalen wettbewerbsintensiven Wirtschaftens – und die Globalisierung will einfach nicht enden, so laut manche Stimmen dies auch ankündigen[65], sie ändert sich allerdings – mehr als nur misslich, es ist auf lange Sicht existenzgefährdend.

6.1 Der Teamansatz – vielfach erprobt und neu beleuchtet, stets aktuell

Es gilt also, Führung systematisch in kooperative Organisationsformen zu integrieren. Weltweit betrachtet gibt es mindestens auf den zweiten Blick bereits erstaunlich viele Ansätze, Führung weniger hierarchisch und weniger an eine direkte disziplinarische

65 Beispielhaft sei auf Carsten Kludes Beitrag »Das Ende der Globalisierung« auf Capital online verwiesen sowie als Gegenpol auf Julian Olks Beitrag »Ist die Globalisierung am Ende? Fünf Fakten beweisen das Gegenteil« auf Handelsblatt online.

Personalverantwortung gekettet zu betrachten. Auch hier liegt der angloamerikanische Geist vorn. Insbesondere gewinnt das Konzept eines kooperierenden Teams an Charme und Bedeutung in vielen dieser Konzepte und Publikationen. Der zugrunde liegende Gedanke ist dabei der, dass ein Team

- ein Problem,
- einen Arbeitsauftrag,
- eine Idee

besser lösen, bewältigen und entwickeln kann als eine Einzelperson oder gar die Führungskraft. Die berechtigte Frage, wie denn das ideale Team zusammengesetzt sein sollte, ist fallweise zu erörtern und die Antworten reichen tief in die Teamtheorie hinein. Hier nur so viel: Teams sind entweder eher homogen oder eher heterogen (Funktion, Kompetenz, Ort, Persönlichkeit etc.) zusammengesetzt und bestehen im Idealfall aus nicht mehr als zehn Personen[66]. Der konkrete Kontext und die konkrete Aufgabe sollten als Gradmesser dienen.

Bemerkenswert finde ich an der Teamforschung insbesondere, dass der Zusammenhang mit Führung, zumal im Kontext der Gesamtorganisation, beileibe nicht immer hergestellt wird – obwohl er doch fraglos auf der Hand liegt. Oft werden Team Leader oder Team Manager, je nach bevorzugter Wortwahl, mit ihren Verantwortlichkeiten durchaus detailliert analysiert, selten aber wird über diese Ebene hinausgeblickt. Immerhin eröffnet uns die Teamforschung einen wichtigen Blick in die für den Unternehmenserfolg so entscheidende Dimension der Kooperation.

6.2 Wirksame Teams – und was tun die Team Leader?

Zu Effektivität und Vorteilen von Teams gilt J. Richard Hackman mit seinen weitreichenden und über Jahrzehnte geführten Untersuchungen als fachliche Autorität.[67] Frappierend ist in seinen Ausführungen die immer wiederkehrende Betonung, dass ein optimal funktionierendes Team im Idealfall autonom agiert oder jedenfalls nicht von einer übergeordneten Führungskraft direkt gesteuert wird.[68] Allerdings gilt es dabei Regeln zu beachten. Demzufolge widmet Hackman der Ermöglichung[69] einer optimalen Teamleistung größte Aufmerksamkeit. Er destilliert fünf entscheidende Faktoren heraus:

- Ein Team muss ein echtes Team (mit hinreichend Autonomie) sein.
- Es muss eine überzeugende Zielrichtung, man könnte modern auch sagen: einen Purpose haben.

66 Vgl. Katzenbach, Jon R./ Smith, Douglas K. (1993): The Discipline of Teams. In: Harvard Business Review (March-April 1993).

67 Vgl. Hackman, Richard J. (2002): Leading Teams: Setting the Stage for Great Performances. Harvard Business Review Press.

68 Vgl. ebd., S. 50 ff.

69 Vgl. ebd. S. 93 ff.

- Es muss eine ermöglichende Struktur aufweisen.
- Es muss in einem unterstützenden organisatorischen Kontext arbeiten.
- Die Teammitglieder müssen von einem kompetenten Coaching profitieren können.

Wir brauchen gar nicht stärker in die Teamtheorie abzutauchen, denn es fällt schon jetzt auf, dass diese Prinzipien viel mit unseren bisher erarbeiteten Merkmalen eines erfolgversprechenden Führungsverständnisses zu tun haben. Die Führungskräfte mischen sich nicht zu stark ein, sie unterstützen und ermöglichen, sie setzen dann die Leitplanken oder entscheiden tatsächlich, wenn es vor allem die wirtschaftliche Vernunft – ergo der Kundennutzen – oder zwischenmenschliche Konflikte erfordern. Also dann, wenn eine definierte Eskalation erfolgt ist. Ansonsten aber halten sie sich vor allem heraus.

Was zählt, was Autorität gibt und daher quasi führt, ist die Funktion – in gewisser Weise der Zweck – und nicht die Hierarchie oder formale Entscheidungsgewalt einzelner Personen.

In eine ähnliche Richtung und ähnlich früh wie Hackman ist John Adair in die Richtung eines stärker funktionalen Führungsverständnisses aufgebrochen. Sein Modell der »Action-Centred Leadership«[70] gehört zumindest in der anglo-amerikanischen Welt zum Kanon, es untermauert die Forschungsergebnisse von Hackmann und hat Eingang in internationale Weiterbildungsprogramme gefunden. Nach Adair spielt sich die moderne Führung im Dreieck aus Aufgabe, Team und Individuum ab, wobei der Teamleiter drei Verantwortlichkeiten hat:

1. die Aufgabe zu erfüllen[71],
2. das Team zu entwickeln und
3. das Individuum zu fördern.

Der Fokus auf den Personalentwicklungsauftrag der Führungskraft fällt auf, zumal die Teambesetzung fluktuieren kann. Damit bewegt sich Adair als früher Botschafter weg von einem statischen Organisationsverständnis hin zu eher flachen Hierarchien und einer dynamischen Personalkonstellation.

6.3 Kooperative Arbeitsformen – der Blick in die Praxis

Auf Kooperation fußende Konzepte der Arbeitsorganisation finden sich auch in der Praxis reichlich. Einige haben sogar allein durch die Praxis den Weg in den Kanon und in die Wissenschaft gefunden. Als Beispiel sei der *Toyota Way* genannt, der sowohl die

70 Adair, John (1973): Action-Centred Leadership. McGraw-Hill. Hier zitiert aus Lehrunterlagen der Cambridge University (UK), verfasst von Susan Norman.

71 Vgl. ebd. Adair spricht von »task« und meint damit die Fach- oder Sachaufgabe oder auch das dazugehörige Ziel.

individuelle Eigenverantwortung als auch die Kooperation fokussiert und fördert. Im *Toyota Way* erwecken explizit die Menschen und ihre Art der Zusammenarbeit das System zum Leben und eben nicht Computer oder Maschinen.[72] Das mag umso mehr erstaunen, als das *Toyota Production System*, quasi die Schwester, gemeinhin als sehr technokratisch – eben systemgetrieben – verstanden wird.

Ein weiterer Meilenstein, der seit Generationen Führungskräften und Forschung gleichermaßen als Referenzpunkt dient, ist die Einführung von sich selbst steuernden Teams und die zeitgleiche Abschaffung des Fließbands im *Volvo*-Werk Kalmar in der 1980er-Jahren.[73] Zwar wurde dieser Urtyp selbstbestimmten Arbeitens in der Produktion nicht konzernweit eingeführt, aber er gilt gleichwohl als Erfolg in puncto Mitarbeiterzufriedenheit und Produktivität. Heute folgen zahlreiche Unternehmen weltweit dem Prinzip der Produktionsinsel, sicherlich in jeweils individueller Abwandlung. Der Einfluss und die breite Akzeptanz dieses Meilensteins von Volvo kann kaum überschätzt werden und reicht bis in die Gegenwart.

6.4 Von einem Extrem ins andere

Wenn man zur Beschreibung von Zusammenarbeit unterstellt, dass die lose Arbeitsgruppe ohne ein kollektiv zu erarbeitendes Gesamtergebnis die Stufe 1 und ein Hochleistungsteam die Stufe 5 darstellt (Volvo wäre wohl zwischen Stufe 4 und 5)[74], dann steht noch darüber das neueste Konzept der Holokratie.[75] In der jüngeren Vergangenheit machte der US-amerikanische Onlinehändler von Schuhen und Mode *Zappos* von sich reden, als er 2015 offiziell zur Holokratie überging. Allerdings sickerte schon wenige Jahre später durch, dass Zappos die Holokratie modifziert habe – zurück zu einer etwas mehr klassischen Führungsstruktur, auch wenn die Organisation weiterhin klar dezentralisiert sei.[76] Ganz ohne Führung im eher klassischen Sinne geht es offenbar auch bei hoch innovativen Marktführern nicht.

72 Liker, Jeffrey K. (2004): The Toyota Way: 14 Management Principles from the World's Greatest Manufacturer. CWL Publishing Enterprise. S. 36; hier zitiert nach Rockstedt, Marcel (2006): Die Erfolgsstrategie von Toyota. Diplomica.

73 Vgl. Lohr, Steve (1987): Volvo's New Way Of Making Cars. In: New York Times, 23. Juni 1987, Sect. D, S. 1

74 Vgl. Katzenbach, Jon/Smith, Douglas K. (2002): The Wisdom of Teams. Collins. S. 917 ff.; Katzenbach und Smith schlagen fünf Stufen der Teamarbeit vor: 1=working group, 2=pseudo-team, 3=potential team, 4=real team, 5=high-performance team.

75 In der Holokratie (englisch *holacracy*) gibt es keine klassischen Hierarchien, Führungskräfte oder Titel mehr, es wird auch keine Arbeit delegiert oder eine Arbeitsanweisung erteilt. Stattdessen agieren ausschließlich sich selbst organisierende Teams, *Zirkel* genannt, die das gesamte Unternehmen konstituieren. Vgl. Robertson, Brian J. (2015): Holacracy: The New Management System for a Rapidly Changing World. Henry Holt&Company.

76 Groth, Aimee (2020): Zappos has quietly backed away from holacracy.

Zudem ist mir keine holokratische Organisation bekannt, die hoch komplizierte langzyklische Geschäftsmodelle verfolgt, die ebenso hoch spezielle, jahrelang aufgebaute Kenntnisse und Fähigkeiten verlangen, wie etwa Autobau, Flugzeugbau, Maschinenbau oder auch Montagedienstleistungen an technischem (Groß-)Gerät. Bei allem Respekt, der Betrieb eines Online-Handels ist in diesem Sinne nicht kompliziert, er erfordert nur schnelle Reaktionen, etwa auf neue Trends. Dessen ungeachtet bleibt die Ähnlichkeit des holokratischen Gedankens mit dem erfolgreichen und jahrzehntealten *Volvo*-Ansatz unverkennbar. Die Idee ist nachhaltig.

6.5 Die Führungskräfte, die ›Leader‹, stehen auch hier bitte nicht im Weg

Schließlich möchte ich noch auf Jon Katzenbach verweisen, der vor allem als Berater bei McK und Strategy& bahnbrechende Praxiseinblicke in die Teamarbeit in führenden Unternehmen und Non-Profit-Organisationen bis hin zu Behörden gewonnen und publiziert hat. Die Essenz, die uns in der Führungsfrage interessieren muss, passt einmal mehr ins Bild. Laut Katzenbach besteht auch auf Teamebene die Rolle der Team Leader vor allem in der Ermöglichung und im Nicht-im-Weg-Stehen.[77] Funktionierende Teams erwarten explizit, dass Team Leader ihnen Hindernisse aus dem Weg räumen, was sogar in die Richtung des hochaktuellen agilen Verständnisses weist.[78]

Auch Hackmann übrigens befasst sich intensiv mit den Anforderungen an Team Leader und erreicht eine hohe Überschneidung mit Katzenbach, ergänzt um die Anforderung der *emotionalen Reife*, verstanden als Fähigkeit, mit den eigenen Ängsten oder Unsicherheiten ebenso bewusst, offensiv und souverän umgehen zu können wie mit denen des Teams.[79] Diese Dimension muss uns besonders mit Blick auf die junge Generation der Arbeitswelt interessieren, der Reife doch gern abgesprochen wird (siehe dazu die zitierten Studien im ersten Kapitel). Pikant – emotionale Reife lässt sich wohl kaum im Seminar erlernen, sondern sie wird durch Erfahrung aufgebaut.

Wir merken uns hier: Wenn emotionale Reife ein entscheidendes Führungskriterium ist, dann muss eine Organisation dafür sorgen, dass diese Reife von den zukünftigen Führungskräften auf praktikable Weise erworben werden kann (mehr dazu im Kapitel 10.5 über die neuen Aufgaben der Personalentwicklung).

Natürlich – so möchte ich fast mokant sagen – machen auch die Teamvordenker einen Bogen um die Frage, ob und inwieweit Team Leader disziplinarische Personalverant-

77 Vgl. Katzenbach, Jon/Smith, Douglas K. (2002): The Wisdom of Teams. Collins. S. 137 ff.

78 Ähnlich den Scrum Mastern, die die so genannten impediments beseitigen sollen.

79 Hackman, Richard J. (2002): *Leading Teams: Setting the Stage for Great Performances.* Harvard Business Review Press. S. 226 f. (im Original: *emotional maturity*).

wortung tragen sollen, um ihre Aufgaben zu erfüllen. Das angloamerikanische Verständnis lässt grüßen. Sieht man sich die gelebte Praxis an: Nein. Team Leader haben vornehmlich fachliche Führungsverantwortung. Was das bedeutet und ob das so gut ist, werden wir noch sehen.

6.6 Nenne es Team, nenne es Squad, nenne es Zirkel …

Warum befassen wir uns überhaupt mit den Klassikern der Teamforschung, wenn wir uns doch im Ergebnis um ein neues Führungsverständnis bemühen wollen? Die Antwort liegt in der Etikettierung: Was im agilen Kontext ein Squad sein mag und in der Holokratie ein Zirkel, ist der Form der Zusammenarbeit halber – ein Team: Eine kleine Ansammlung von Menschen arbeitet organisiert und kooperativ an einem gemeinsamen Ziel oder Ergebnis und teilt die dafür erforderlichen Werte.[80]

Daher müssen wir hier auch nicht tiefer in die klassischen oder neuesten Konzepte, *Frameworks*[81] und weiteren Organisationsformen einsteigen. Sie sind Technokratie, vielleicht gar Moden, die keinesfalls andauern müssen. Das Prinzip der Teamarbeit aber taucht dort überall auf, konstituiert sogar so manches Framework. Es ist grundlegend. Auch wenn manche agilen Vordenkerinnen und Vordenker dies nicht wahrhaben wollen. Die funktionierende Teamarbeit, wie auch immer sie genannt wird, ist und bleibt ein essenzieller institutionalisierter Promotor der Kooperation, ja sie lebt die Kooperation. Das Primat der *Kooperation* gesellt sich somit zu dem des *Vertrauens*, wenn Führung gelingen soll.

80 In Anlehnung an Katzenbach, Jon/Smith, Douglas K. (2002): The Wisdom of Teams. Collins. S. 45.
81 Den Begriff *Framework* übernehme ich aus der agilen Welt und verwende ihn als eine klar definierte und regulierte sowie sich selbst regulierende Form der Arbeitsorganisation.

7 Der monetäre Vorteil: Kooperation kürzt Kosten

Bisher haben wir überwiegend die persönlichen Befindlichkeiten beleuchtet, die mit einer stark traditionellen, hierarchischen Führungsorganisation einhergehen: Die junge Generation findet zu viel Distanz und zu wenig Partizipation unter anderem deswegen eher schlecht als gut, weil ihnen die persönliche Gestaltungsmöglichkeit und Wertschätzung abgeht. Diese persönlich-emotionale Betrachtung ist durchaus typisch für die Forschung rund um Führungsfragen.

Bei aller Aufmerksamkeit für das Wohlbefinden dient eine weniger hierarchische, kooperative Organisation auch dem Geschäftserfolg, wenn sie gut eingespielt ist. Zur Erinnerung: Unternehmen überleben durch Gewinn, selbst im Non-Profit-Sektor oder in Behörden sollte – vergleichbar – das Budget erreicht werden. Der Betriebswirtschaft entkommen wir hier nicht, aber sie ist eine mächtige Verbündete der Kooperation.

Wie also dient die Kooperation dem Unternehmenserfolg? Hier hat der britische Ökonom und Nobelpreisträger Ronald H. Coase, für einige Klarheit gesorgt. Sehr kurz gefasst hat er die *Transaktionskosten* – man könnte sagen: die *Reibungsverluste* des Wirtschaftens – auf einem externen Markt und dem internen Markt des Unternehmens beschrieben. Sein Fazit: Ein Unternehmen wird gegründet, um vor allem wiederkehrende Transaktionen mit ihren Kosten zu minimieren, da sie nun intern vorhanden sind und nicht erst extern immer wieder neu verhandelt werden müssen. Die interne Interaktion schlägt die externe, da innerhalb des Unternehmens nicht über den Preis einer erforderlichen oder gewünschten Interaktion verhandelt werden muss, sondern die geregelte Organisation eine Interaktion effizienter ermöglicht.[82]

Der deutsche Ökonom Andreas Hoffjan hat mit Blick auf die Digitalisierung und ihren Einfluss auf die Unternehmenssteuerung eine weiterführende Analyse der *Informationskosten* vorgeschlagen, unter Einbezug aller Hard- und Softwarekosten. Nach dieser Auffassung besteht die Interaktion mit weiter fortschreitender Digitalisierung zu einem immer größeren Anteil aus Informationen, zusätzlich befeuert durch künstliche Intelligenz – vor allem weil durch Systeme immer mehr Informationen erzeugt wer-

82 Vgl. Coase, Ronald H.: The Nature of the Firm. In: Economica. Band 4, Nr. 16, 1937, S. 386–405. Auch Reinhard Sprenger widmet der Senkung von Transaktionskosten viel Raum in seinem Werk Radikal führen (S. 105 ff.).

den. Wohlgemerkt, über deren Aussagekraft und Sinnhaftigkeit ist damit noch nichts gesagt (man kennt das Bonmot: Wer viel misst, misst viel Mist).[83]

Im Ergebnis stehen Führungskräfte, ja im Grunde die ganze Belegschaft vor der Aufgabe, die Transaktions- oder Informationskosten zu minimieren und minimal zu halten. Das Problem ist das gleiche, nämlich die Unsichtbarkeit der Transaktions- und Informationskosten. Kurz: der Grad der *Verschwendung* einer Organisation ist schwer zu erfassen.

Beispiele für Verschwendung durch stetige oder partielle Nichtkooperation

Gleichwohl gibt es schlaglichtartige Versuche, zumindest Teilkosten dieses Komplexes abzubilden. So kursiert die Annahme, dass *Toyota* mit dem sehr auf Befähigung und Ermächtigung des Individuums bedachten *Toyota Production System* und *Toyota Way* den Verschwendungsgrad um bis zu 90 Prozent reduziert, je nach Anwendungsbereich.

Noch dramatischer sind Befunde – wenn auch aus der Vergangenheit –, die ein Verhältnis von 1 : 1.000 von wertschöpfenden Aktionen versus nichtwertschöpfende Aktionen in einem durchschnittlich gut organisierten Unternehmen zugrunde legen.[84] Diese Befunde stammen ihrer Historie nach aus stark hierarchischen und eher wenig kooperativen Organisationen. Selbst wenn das Verhältnis 1 : 1.000 heute oder in hoch automatisierten Branchen nicht mehr stimmen und um einiges günstiger ausfallen sollte, verdeutlicht es doch die immense wirtschaftliche Gefahr, die von Verschwendung ausgeht – und dass offenbar Unternehmen mit stark hierarchischem Führungsverständnis eher zur Verschwendung neigen.

Untersuchungen gibt es auch zum Aufwand von Besprechungen. So verbringen Führungskräfte noch immer bis zu drei Viertel ihrer Arbeitszeit in Meetings, wobei bis zu einem Drittel der Zeit in Meetings unproduktiv ist. Bei konsequenter Optimierung könnte allein durch die effizientere und effektivere Gestaltung von Meetings der Personalkostenanteil an den Transaktionskosten um 20 bis 30 Prozent reduziert werden.[85]

Einen weiteren, höchst simplen Ansatz fährt seit dem Jahr 2023 das kanadische Unternehmen *Shopify*, das die Kosten einer Besprechung auf der Basis der Gehälter

83 Vgl. Knobbe, Thorsten (2023): Leadership-Strategien sowie Konzepte und Anregungen für Führungskräfte, die mit ihrem Unternehmen den Wettbewerb anführen wollen. Arbeitsmaterial für das Seminar »Leadership« an der IU Internationale Hochschule, Campus Dortmund. Der Vorschlag von Andreas Hoffjan wird im Kapitel »Informationsstrategie« vorgestellt.

84 Studien aus unterschiedlichen Ländern zur Produktivität von Unternehmen in unterschiedlichen Ländern, erstmals zitiert im Manager Magazin 10/1991; die genauen Quellen lassen sich nicht mehr rekonstruieren, jedoch beeindruckt die schiere Zahl selbst dann, wenn man veraltete Verhältnisse oder oberflächliche Analysemethoden unterstellt, also die Realität heute weit weniger dramatisch aussieht.

85 Vgl. Rausch, Alexandra (2009): Steigerung der Meeting Performance als Managementaufgabe. In: ZfCM, 53. Jg., Heft 6, S. 376–383.

der anwesenden Personen kalkuliert. Die Kosten berechnet eine in den Kalender integrierte Software. Die Summe wird allen eingebundenen Personen angezeigt. Diese Transparenz soll die ganze Belegschaft zu Besprechungsdisziplin anregen.[86]

Natürlich, die Verschwendung in Prozessen oder insbesondere Besprechungen, die ja qua Organisationsform zumindest einen stark interaktiven, wenn nicht sogar kooperativen Charakter haben, mag etliche Ursachen haben. Von ungleich gewichteten Redeanteilen über zu große Teilnehmergruppen bis hin zu falschem Zahlenmaterial als Diskussionsgrundlage ist vieles dabei – und längst nicht alles davon muss bewusste Kooperationsverweigerung sein. Die unbewussten oder unbeabsichtigten Faktoren sind vielleicht sogar die fatalen, weil man sie erst sehr spät oder gar nicht entdeckt, weswegen man das Risiko ihres Auftretens minimieren sollte.

Diese wenigen, aber plakativen Beispiele zeigen, welch eindrucksvolles Potenzial zur Kostensenkung in einer funktionierenden kooperativen Organisation steckt. Je größer der Kreis an weiteren Personen ist, mit der eine Person zielgerichtet und ohne Verzerrung durch ein großes Machtgefälle interagiert, desto größer wird der Hebel. Je befähigter und ermächtigter die eingebundenen Personen, desto niedriger die Transaktionskosten und desto größer der tatsächliche Einspareffekt und desto größer die Wertschöpfung. Man kann es auf die plakative Formel bringen: Kooperation kürzt Kosten! Also sollte größter Wert darauf gelegt werden, die Menschen in einer Organisation zur Kooperation zu befähigen und Kooperation zu ermöglichen.

86 Vgl. Domke, Britta (2023): 2115 Dollar für ein Treffen mit dem CEO. Harvard Business Manager 10/2023, S. 11.

8 Das Wertegerüst: Elemente einer erfolgversprechenden Führungskultur

Das so wichtige Klima des Vertrauens und der Kooperation lässt sich leider nicht einfach verordnen. Das Topmanagement muss zur Entstehung die strukturellen und kommunikativen Voraussetzungen schaffen, hinzu kommen rechtliche Randbedingungen. Anschließend muss eine Organisation diesen Rahmen mit Leben füllen, und dies geschieht über die entsprechende Führungskultur. Wie wir zumindest erste und feste Schritte in diese Richtung der Kulturbildung gehen, besprechen wir in diesem Kapitel.

Zur Erinnerung: Wenn wir unterstellen, dass es ein gutes Führungskonzept für sich genommen, also ohne Kontext, nicht gibt, dann sollten wir im Idealfall mindestens einen konkreten Kontext schaffen, um Führung weiter zu beschreiben, vielleicht gar zu operationalisieren. Allerdings wären wir auf diesen einen Kontext beschränkt.

Daher die Alternative: Fangen wir pragmatisch an und betrachten wir, mit welchen Elementen und Voraussetzungen wir uns einer zumindest *erfolgversprechenden* Führung nähern – wie ich generell gern das Wort *erfolgversprechend* in diesem Buch verwende, um einerseits jeglichen Absolutheitsanspruch einer Methodik zu dämpfen und andererseits das nichttechnokratische bis chaotische Element der menschlichen Beziehungen, also auch der Führung, einzubeziehen. Erfolg in der Führung lässt sich eben nicht mathematisch herbeiführen, sondern ist das Ergebnis eines dynamischen Prozesses.

Erfolgversprechende (Führungs-)Kultur

Die Schaffung einer vertrauensbasierten, kooperationsgeprägten Unternehmenskultur mit entsprechenden Werten und Verhaltensweisen soll uns besonders interessieren. Diese Art der Kultur bezeichnen wir hier als *erfolgversprechend*, weil sie es zum Ziel hat, in besagter Atmosphäre des Vertrauens, der Wertschätzung und der Verantwortungsübernahme wirtschaftlich gewünschte Ergebnisse zu erreichen, um damit die Überlebensfähigkeit eines Unternehmens zu garantieren. Nur *überlebensfähige* Unternehmen sind in der Lage, nachhaltig ihren Daseinszweck zu erfüllen.

Dass die Kultur einer Organisation ein essenzieller Erfolgs- oder Misserfolgsfaktor ist, erkennen immer mehr Topführungskräfte und versuchen sich in Kulturarbeit, wie jüngst eine Studie unter den *Financial Times 500* von *Heidrick&Struggles* zeigt.[87] Auch Thomas J. Neff und James M. Citrin vom Wettbewerber *Spencer Stuart*, beide zählen zu den einflussreichsten Personalberatern in den USA, schreiben dem Faktor Kultur essenzielle Bedeutung zu. Sie zitierten zur Verdeutlichung den legendären Ex-IBM-Chef Lou Gerstner, wonach Kultur nicht Teil eines Spiels, sondern *das Spiel selbst* ist.[88]

Zur Einordnung: Wenn in den folgenden Ausführungen von *Werten* gesprochen wird, dann bezieht sich dies auf das unmittelbare menschliche Miteinander und nicht etwa allein auf ein Unternehmensleitbild. Das eine ist Vollzug, das andere zunächst nur Absichtserklärung. Vertrauensbildung passiert oder endet immer im persönlichen Austausch, kaum durch einen vorgegebenen – um nicht zu sagen: vorgebeteten – Wertekalender. So ehrenvoll das in solchen Leitbildern gezeichnete Wunschbild auch sein mag. Im Gegenteil, wenn überhaupt, dann sollte ein Unternehmensleitbild das Resultat von Systemvertrauen sein, das wiederum entstanden ist aus einem gelebten und als ebenso positiv empfundenen wie wirtschaftlich erfolgreichen Miteinander. Dass es in der Praxis meist genau andersherum gehandhabt wird, ist mir bewusst und sollte uns nur noch stärker motivieren, Menschen von der Basis der Organisation her zu entwickeln.

Intensiv mit der Entstehung, Beschaffenheit und Formung von Kultur hat sich Edgar H. Schein befasst und bis heute gültige Basisarbeit geleistet.[89] Aus seinen Erkenntnissen leitet sich folgendes Verständnis von Kultur und Kulturbildung ab:

Kultur und Kulturbildung nach Edgar H. Schein

Eine Kultur kann aus spontanen Äußerungen, Vorlieben, Glaubenssätzen und Handlungen innerhalb einer zusammengewürfelten Gruppe entstehen. Bei Unternehmensgründungen geben der Gründer oder das Gründungsteam oft bewusst oder unbewusst den Anstoß zur Kulturbildung.

In einer funktionierenden Organisation haben sich Glaubenssätze, Werte, Verhaltensweisen und Rituale ausgeprägt, die akzeptiert sind, gepflegt werden und an Neulinge teils bewusst und teil implizit weitergegeben werden. Zumeist entwickelt sich die Kultur durch beständiges Lernen anhand externer Einflüsse weiter.

87 Gailey, Rose et al. (2023): Aligning culture with the bottom line: Putting people first. Heidrick&Struggles. Befragt wurden 3.000 Beschäftigte aus Financial-Times-500-Unternehmen. Danach sehen 59 Prozent der CEOs Kultur als entscheidenden Faktor an, um Strategien in Ergebnisverbesserungen zu verwandeln. Die Studie weist insoweit auf Erfolge hin, als 49 Prozent der CEOs signifikante Verbesserungen des Finanzergebnisses und 53 Prozent der CEOs eine signifikante Senkung der Fluktuation konstatieren, wenn sie zuvor die Bildung einer als positiv empfundenen Unternehmens- beziehungsweise Arbeitskultur stark gefördert haben.

88 Neff, Thomas J./Citrin, James M. (2005): You're in charge – now what? Crown Business, S. 138. Lou Gerstner wörtlich: »Culture isn't just one aspect of the game – it is the game.«

89 Vgl. Schein, Edgar H. (2004): Organizational Culture and Leadership. Jossey-Bass. S. 22 sowie S. 225 ff.

Durch diese Gemengelage und potenziell viele Trägerinnen und Träger dieser kulturellen Gene ist eine Kultur meist schwer zu beschreiben und noch schwerer ein Kulturwandel herbeizuführen. Ebenso schwer ist es, allgemeingültige kulturelle Muster herauszuarbeiten, die eine erfolgversprechende, quasi gesunde Unternehmenskultur begründen. Wir versuchen es dennoch.

Als Grundgerüst der folgenden Ausführungen dienen Essays von Egon P. S. Zehnder, der die heute weltweit größte und erfolgreichste Personalberatung im Eigenbesitz der Consultants gegründet und sich intensiv, aus heutiger Sicht meist prophetisch, mit dem Zusammenhang von Führung und Erfolg beschäftigt hat. Ich bewerte diese aus der Praxis gewonnenen Erkenntnisse über menschliches Handeln und die daraus entstehenden Effekte für unsere Zwecke höher als universitäre Studien in Laborsituationen – selbst dann, wenn viele Beispiele einen gewissen anekdotischen Charakter haben dürften. Es ergeben sich nämlich etliche Überschneidungen mit unserer Beratungspraxis, und um die praktische Anwendbarkeit soll es in diesem Buch gehen.[90]

8.1 Der äußere und formale Rahmen

Eine Organisation unterliegt formal der Gesetzgebung des jeweiligen Landes. Hinzu gesellen sich interne Regelwerke, an denen sich alle Führungskräfte und Mitarbeitenden zu orientieren haben. Obwohl von außen herangetragen, ist dieser Rahmen streng genommen wie der erste Leuchtturm, an dem sich Führungskräfte orientieren können, oder die erste Klammer, die die Führung zusammenhält. Dieser Rahmen wird selten in Führungsbetrachtungen einbezogen, vermutlich weil er primär eine gesetzliche und keine zwischenmenschliche Dimension hat. Und doch ist er von enormer Bedeutung. So nannte Burkhard Schwenker in seiner Eigenschaft als Managing Partner der Unternehmensberatung Roland Berger neben einer »Vertrauenskultur«[91] nur noch die »konsequente Beachtung des Rechtsrahmens«[92] als »Schlüssel zu dauerhaftem und überdurchschnittlichem Wachstum«[93]. Da Wachstum – zumindest noch – als Voraussetzung für den Unternehmenserfolg gilt, können wir unmittelbar die Brücke zur erfolgversprechenden Führung schlagen. Es liegt zudem auf der Hand, dass Ver-

90 Bei Verwendung dieses Buches im wissenschaftlichen Kontext möchte ich auf Folgendes hinweisen: Die Ausführungen in diesem Kapitel gehen zu einem Teil auf meine Darstellungen im Buch Gipfelstürmer (2017, Haufe-Lexware, S. 22–66) zurück, die ich hier an relevanten Stellen aktualisiert und auch zeitgemäßer formuliert habe. Die wörtlich übernommenen Passagen sind durch Einrückung kenntlich gemacht. Bei den bearbeiteten Passagen habe ich meine ursprünglichen Ausführungen zugunsten der besseren Lesbarkeit nicht kenntlich gemacht, wohl aber die ursprünglich angeführten sowie die neuen Zitate aus externen Quellen. Bei Weiterbearbeitung nach wissenschaftlichem Standard sollten im Zweifel die Passagen beider Bücher angegeben oder beide explizit aufeinander bezogen werden, wie ich es hier tue.

91 Schwenker, Burkhard (2008): Re:think CEO. Strategisch denken, mutiger führen. Roland Berger/Brunomedia. S. 121.

92 Ebd., S. 121.

93 Ebd., S. 122.

trauenskultur und Rechtsrahmen aufgrund ihrer allgemein regulierenden Funktionen für den Unternehmenserfolg auch nach anderen Kriterien essenziell sind.

Betrachten wir also die wichtigsten drei Elemente dieses Rahmens: ESG, Corporate Governance und Compliance.

8.1.1 ESG – Environmental, Social and Governance

Enviromental, Social and Governance (ESG) ist die Zusammenfassung weitreichender Gesetze und Regeln, die schlagwortartig auch mit *Nachhaltigkeit* bezeichnet werden. ESG

> bildet einen strategischen Rahmen, um Unternehmensziele und Unternehmensaktivitäten zu identifizieren, zu bewerten und zu behandeln. Dabei erstreckt sich ESG von der CO_2-Bilanz und dem Engagement des Unternehmens für Nachhaltigkeit über die Arbeitsplatzkultur und Diversity&Inclusion-Bemühungen bis hin zum allgemeinen Ethos in Bezug auf Unternehmensrisiken und Unternehmenspraktiken. Dieses organisatorische Konstrukt gewinnt insbesondere für Investoren, die sozial verantwortungsvoll handeln möchten, zunehmend an Bedeutung. Sie wollen in erster Linie in Unternehmen mit einem hohen ESG-Rating oder -Score investieren.[94]

Nachhaltigkeit kann man in diesem Kontext durchaus mit Langfristigkeit und Dauerhaftigkeit gleichsetzen. Es ist der Gegenentwurf zum Quartalsdenken und übrigens auch zur Kultur der Boni für schnelle Erfolge. Damit einher geht die Schonung der benötigten Ressourcen jedweder Art, sodass im Idealfall immer nur so viel verbraucht wird, wie sich auf natürliche oder menschengetriebene Weise regenerieren kann. In engster Auslegung ist Nachhaltigkeit ein Ewigkeitsmodell.

Für Führungskräfte bedeutet das ESG-Primat eine implizite und explizite Orientierung an der Nachhaltigkeit in ihren Entscheidungen und Aktionen wie auch in ihrer Kommunikation. Diese Richtung wird im Diskurs auch als *enkelfähig* bezeichnet. Führungskräfte sollen also selbst enkelfähig handeln und für enkelfähige Handlungen sorgen, wo immer möglich. Wie praktikabel dieser Anspruch ist, lasse ich dahingestellt, aber immerhin gibt er Orientierung.

---

94 White, Sarah K. (2023): Was ist ESG? Computerwoche.

8.1.2 Corporate Governance und Compliance

Bevor das ESG-Gerüst geschaffen wurde, wurde mit *Corporate Governance* der Ordnungsrahmen für die sogenannte gute Unternehmensführung gesetzt. Der Deutsche Corporate Governance Kodex besteht seit dem Jahr 2002 und wurde von einer eigens eingesetzten Regierungskommission erschaffen. Dieses Regelwerk steht also dauerhaft im Raum.

> Grob umrissen, beschreibt es die Gesamtheit aller Regeln zur Führung eines Unternehmens sowie deren Überwachung. Obwohl in diesem Sinne zunächst wertneutral, wird Corporate Governance in den Medien und im Fachdiskurs meist positiv besetzt verwendet. Ein Unternehmen, das eine formelle Corporate-Governance-Regelung etabliert hat – sei es durch den Aufsichtsrat, die Eigentümer oder das Management –, wird meist als gut geführt dargestellt. Das Zustandekommen und die Qualität von Entscheidungen wird an den existierenden Corporate-Governance-Regeln gemessen. Transparenz, eine adäquate Partizipierung der beteiligten Interessengruppen sowie Nachhaltigkeit sind typische Bestandteile von Corporate-Governance-Regeln.[95]

Auch der Corporate Governance Kodex mag also in den Unternehmen, die ihm folgen oder ihn anstreben, als Orientierung für Führungskräfte dienen. Ob der Kodex im Führungsalltag und vor allem Nachwuchskräften in direkten Führungsfrage hilft, ist auch hier fraglich. Jedenfalls schwebt er bis auf Weiteres in vielen Unternehmen als ethisch-moralischer Nordstern über allem. Konkret erscheint er uns im Arbeitsalltag in Form der *Compliance*.

> Eng mit der Corporate Governance verwandt ist die Compliance. Compliance meint die Befolgung von unternehmensinternen Regeln und Richtlinien, die eine gute Unternehmensführung ermöglichen sollen. (...) Wenn ein Unternehmen über Corporate-Governance-Regeln verfügt, ist klar, woran sich die Compliance neben dem Gesetz zu orientieren hat. Ein Verhaltenskodex oder sonstige Regelungen der Geschäftsgebaren sind in diesem Sinne Teil der Corporate Governance. (...) Heute wird Compliance daher großgeschrieben und viele Konzerne haben mittlerweile das Ressort des Chief Compliance Officer geschaffen. In diesen Unternehmen existiert damit eine offizielle Instanz zur Kontrolle und Steuerung der Compliance. Zugleich haben Mitarbeitende eine Anlaufstelle, wenn sie Verstöße melden oder sich in konkreten Fällen schlichtweg rückversichern möchten.[96]

---

95 Knobbe, Thorsten (2017): *Gipfelstürmer*. Haufe-Lexware. S. 23 f.

96 Ebd., S. 24.

Die Compliance hat zudem eine beachtliche rechtliche Komponente, da sie auch über die Einhaltung von Gesetzen wacht. Diese rechtlichen Vorgaben sind natürlich auch landesspezifisch zu sehen und können gerade bei Großunternehmen eine ungeahnte Komplexität nach sich ziehen.

In den meisten Abhandlungen über Führung kommt die Dimension der *Good Corporate Governance* und *Compliance* schlicht nicht vor. Vermutlich liegt es daran, dass dieser Komplex schwer zu fassen ist, weil er von Unternehmen zu Unternehmen anders aussehen kann, eben landesspezifisch ist und sehr viele Forscher und Expertinnen zum Thema Führung der Psychologie, Pädagogik oder Sozialwissenschaft angehören. Mit rechtlichen Fragen und systemischen Zusammenhängen außerhalb der unmittelbar menschlichen Beziehungen befasst man sich in diesen Kreisen naturgemäß kaum. Allenfalls wird auf die potenziell demotivierende bis entmündigende, einem Vertrauensentzug nahekommende Signalwirkung von zu viel Regulierung und Kontrolle hingewiesen. Wobei es fraglich ist, ob Kontrolle per se schlecht ist, denn richtig dosiert und platziert kann sie auch unterstützen und den Handelnden Sicherheit und Verbindlichkeit geben.[97]

Auch ich möchte hier die Verhältnisse nur schlaglichtartig zeigen, um klarzumachen, in welchem Rahmen und teils Korsett Führung überhaupt stattfinden kann. Die Botschaft ist allerdings klar: Unternehmen benötigen Freiraum, um sich entwickeln und Innovationen umsetzen zu können. Dies gelingt nur mit der entsprechend wirkungsvollen und inspirierten Führung. Führungskräfte sollten also nicht durch zu viele Vorschriften und zu enge Kontrolle ausgebremst werden, wenn die so wichtige Vertrauenskultur entstehen soll. Für den Nachwuchs, der ohnehin schon mehr Wert auf Sinnhaftigkeit und persönliche Entfaltung legt, gilt dies umso mehr.

8.2 Mut zeigen und mit Überzeugung vorangehen

Mut ist eine Eigenschaft, die immer wieder von Führungskräften gefordert wird. Doch wie Mut eigentlich verstanden werden und sich zeigen soll, darüber existiert kein einheitliches Verständnis. In manchen Denkrichtungen wird bereits die bloße Bereitschaft, Hierarchien zu beschneiden und mehr Verantwortung in Teamstrukturen zu übertragen, als mutige Führung bezeichnet.[98]

---

97 Vgl. die Aussagen von Chief Compliance Officer Gisa Ortwein, die die Notwendigkeit der Kontrolle durch Compliance vor allem mit gestiegenen gesetzlichen Anforderungen begründet. In: Rautenberg, Siegrid (2021): Vertrauen oder Kontrolle. Süddeutsche Zeitung vom 25./26.09.2021, S. 59.

98 Vgl. Domke, Ulla/Granica, Martin (2019): Mutig Führen. Wie Sie in Unternehmen die Lust auf Verantwortung wecken. Schäffer-Poeschel. S. 10 ff.

Wenn man davon ausgeht, dass viele Führungskräfte diese Veränderung noch immer als bedrohlichen Machtverlust empfinden, kann man durchaus von einem gewissen Mut sprechen, den dieser Weg erfordert. Allerdings betrachten sich viele Führungskräfte gern als unternehmerisch. Gerade die junge Generation erwartet unternehmerische Freiheit zum Vorantreiben ihrer eigenen Sache – auch wenn sie sich selbst womöglich nicht unternehmerisch nennen würde. Von mutigen Führungskräften dieses Zuschnitts muss also mehr erwartet werden.

Mit »Mut wird der Manager schöpferisch«[99], so Egon P. S. Zehnder, und tritt aus der Masse heraus. Noch viel mehr mag das für Frauen und vor allem Mütter in Führungsrollen gelten, weil sie jeweils noch immer stark unterrepräsentiert sind und daher unter besonderer Beobachtung stehen.

Mutige Führungskräfte überwinden die Trägheit der Masse und ihre Angst vor dem Ungewissen. Sie stellen sich der Aufnahme neuer Informationen und leiten daraus ihre Schlussfolgerung ab. Das Ergebnis ist ein konsequentes, möglicherweise neues Handeln, ist Kreativität, die hoffentlich zu neuer Wertschöpfung führt. Mutig sein bedeutet, Tradiertes und Bewährtes infrage zu stellen, dies offen zu kommunizieren und dann im Rahmen der eigenen Befähigung und eventuell gar darüber hinaus zu handeln. Der jungen Generation spielt dieses Verständnis zunächst in die Karten, will sie doch vieles neu gestalten.

Mutig zu sein fällt umso leichter, je stärker man von etwas überzeugt ist. Das können wir in unsere Beratungspraxis immer wieder beobachten. Natürlich ist nicht jede mutige Führungskraft voll überzeugt von dem, was sie tun muss. Oft genug handelt sie schlicht aus Sachzwang. Doch wer zusätzlich von seinem Tun überzeugt ist, spielt befreiter auf. Insofern sind die gesunde Überzeugung und daraus resultierende Überzeugungskraft sehr hilfreich, um Mut zu zeigen. Selbst dann, wenn man sich dadurch angreifbar machen sollte.

So könnte man angesichts von Organisationen mit sehr flachen Hierarchien provozierend anmerken: »Ist Mut zum Entscheid noch aktuell in einer Situation, die zur Anonymisierung der Verantwortung, zu einem kollektiven Mit-Bestimmen tendiert? Ist Mut nicht mehr Prädikat, sondern schon Schwäche? Etwa gar das Merkmal der Ewiggestrigen?«[100] Hier besteht mit Sicherheit eine Gefahr für Führungskräfte, sich hinter einem sehr teamorientierten Miteinander quasi zu verstecken und sich zum falschen Zeitpunkt zurücknehmen. Dies kann sogar mit besten Absichten geschehen, weil man das moderne Führungsverständnis einer dienenden Führungskraft leben möchte.

99 Zehnder, Egon P. S. (1980): Mut als Merkmal des guten Managers. Egon Zehnder International GmbH. Nachdruck der Veröffentlichung in der FAZ vom 10. November 1980. S. 9.

100 Ebd., S. 7.

Mut zu zeigen wird heute für Führungskräfte schnell zu einer multidimensionalen Herkulesaufgabe, deren Implikationen und Konsequenzen sich nicht immer präzise abschätzen lassen. Zudem befinden sich viele Akteure in einem Netz von Abhängigkeiten, die den Einzelnen nach außen deutlich mächtiger erscheinen lassen, als er tatsächlich ist. Gerade in unserem dynamischen Zeitalter wird von Managern eine nie gekannte Entscheidungsdichte erwartet. Was heute gilt, muss vielleicht schon morgen modifiziert werden. Dabei lässt sich jedoch die Konsequenz einer Entscheidung auch mit den besten Risikomanagement-Systemen nicht immer voraussehen. Die Gefahr von Fehlentscheidungen steigt.

Um den notwendigen unternehmerischen Mut zu zeigen, braucht man aber nicht nur die Charaktereigenschaft ›Mut‹ an sich, sondern man muss auch den Handlungsbedarf erkennen. Zu einem gewissen, oft sogar hohen Grad sind Führungskräfte auf eine aktuelle, passgenaue und inhaltlich richtige Informationsversorgung durch andere angewiesen. Sie sehen gleichsam durch das verlängerte ›Sinnesorgan‹ von Berichten oder Management-Cockpits. Und die Funktionsfähigkeit dieses Sinnesorgans wird durch die zunehmende Komplexität unserer globalen Welt fraglos auf eine harte Probe gestellt. Deshalb müssen sich Führungskräfte zumindest in Zweifelsfällen ein persönliches Bild der Lage vor Ort verschaffen. Wer sich schwertut, mit der naturgemäß trägen Masse (etwa der Belegschaft) in direkten Kontakt zu treten und diese durch Impulse zu bearbeiten (etwa weil eine wichtige Kursänderung ansteht), gehört nicht zu den Mutigen. Es passiert Führungskräften jeglicher Hierarchieebene und jeglicher Erfahrung, dass sie zu zögerlich reagieren, wenn es negative Ereignisse zu vermelden oder zu erklären gilt. Dieser Trägheit gehen nicht selten Unterlassungen, auch in der operativen Führungsriege, voraus. Man hat die Dinge ein Stück weit laufen lassen und ist dadurch erst in diese missliche Lage geraten. Bei Nachwuchskräften mindert ein professionelles Mentoring solche Risiken erheblich.

Mut zu zeigen erfordert also das Verlassen der eigenen Komfortzone und kann auch bedeuten, sich gegen das Team, gegen die Masse zu positionieren. »Der Schritt vom Sicheren zum Unsicheren fordert Mut; fördert durch das Erfolgserlebnis des schöpferischen Eingriffs das Selbstvertrauen. Wie untrennbar Mut mit dem Schöpferischen verbunden ist, wird in der unternehmerischen Innovation deutlich. Fehlt er nämlich, so steht Imitation der Innovation gegenüber.«[101] Diese Erkenntnis sollte gerade die noch etwas Verzagten unter den Nachwuchskräften ermuntern und entsprechend vermittelt werden.

Vielleicht muss man nicht gleich so hoch greifen, denn für Nachwuchskräfte kann Mut auch schon bedeuten, Verantwortung zu übernehmen. Wer Verantwortung übernimmt, steht auch für ein eventuelles Misslingen gerade. Erfolge werden gern gefei-

101 Ebd., S. 9.

ert, doch vor Misserfolgen hat man Angst, selbst wenn ein Unternehmen aus diesem Fehler lernen könnte und vielleicht sogar eine positive Fehlerkultur der lernenden Organisation pflegt.

Gleiches gilt für die Schlichtung oder Lösung von Konflikten. Auch hier muss die verantwortliche Führungskraft Mut zeigen. Zum einen gilt es, den Konflikt bei den Beteiligten anzusprechen, zum anderen den Klärungs- und Lösungsprozess anzustoßen, zu begleiten oder sogar durchzuführen.[102] Die Praxis zeigt, dass selbst hoch organisierte Frameworks mit klaren Rollenbeschreibungen und wenig Raum für persönliche Faktoren konfliktträchtig sein können. Konflikte treten eben immer wieder auf, sie gehören in gewisser Weise zum Alltag.

Doch sehen wir es positiv. In den beschriebenen Situationen Mut zu zeigen ist die Chance für alle neuen und erfahrenen Führungskräfte gleichermaßen, sich zu beweisen, an gesunder Selbstsicherheit zu gewinnen und positiven Einfluss auf das Umfeld zu nehmen. Mut zu zeigen sollte daher in Organisation ein Wert an sich sein.

Fazit

In einer erfolgversprechenden Führungskultur werden mutige Menschen nicht vorrangig für Fehler kritisiert, sondern für ihr Vorangehen wertgeschätzt.

8.3 Verhältnis von Arbeit und Leben

Schon Egon P. S. Zehnder hat einen Essay ausschließlich dem Privatleben von Führungskräften gewidmet. Die Kernaussage lautet, dass auffallend viele gute Führungskräfte, vielleicht sogar alle, ihre Persönlichkeit immer als Summe ihrer Eigenschaften, Erkenntnisse und Werthaltungen verstehen, also nicht zwischen privatem und beruflichem Bereich unterscheiden. Im Gegenteil, sie lassen ihre Persönlichkeit gleichmäßig in ihr berufliches Handeln und ihr Privatleben einfließen. Diese Einheit betrifft aber nur die Persönlichkeit, ein gewolltes Ineinanderfließen von Arbeits- und Privatleben im Sinne einer lebensholistischen Arbeitserledigung ist damit genau *nicht* gemeint. Die kongruente Persönlichkeit ist ein wichtiger Faktor der positiven Kulturbildung, unbedacht eingesetzte *New Work*-Maßnahmen sind es nicht.

Das Privatleben der Führungskräfte ist nicht nur wichtig, sondern notwendig für den beruflichen Erfolg und sollte demnach bewusst auch unter diesem Blickwinkel gelebt werden. Kommt es zu kurz, entsteht unweigerlich ein Ungleichgewicht. »Aus dieser

102 Michael, Gunar M. (2014): Tacheles aus der Chefetage. Campus. Ich verweise hier besonders auf die Seiten 81 ff., Kapitel Konflikte. Wie fange ich Maulwürfe? Echte Führung beginnt dort, wo Konsens aufhört.

Sicht ist es nicht erstaunlich, dass die beklagenswerte Zersplitterung, die sich unter anderem bereits in der Abspaltung von Macht und Verantwortung, im Triumph der Einzelinteressen über Gesamtinteressen zeigt, auch in der Gegenüberstellung des Berufs- und Privatlebens seinen schlechten Niederschlag gefunden hat.«[103]

Erfolgreiche Führungskräfte haben und zeigen nur *ein* Wertegerüst. »Ihre Leistungsfreude kommt deshalb nicht *entweder* im Berufsleben *oder* im Privatleben zum Ausdruck, sondern *sowohl* im Berufs- *als auch* im Privatleben. Denn für sie gibt es nur *ein* Leben: das eigene!«[104]

Dieser Befund unterstreicht einerseits die Wichtigkeit des *New-Work*-Konzepts, durch das gerade eine ungute Auslegung von Macht verhindert und ungesunde Einzelinteressen organisatorisch-strukturell eingehegt werden sollen. Andererseits verschränkt das *New Work*-Konzept, wenn es stark von digitalem und mobilem Arbeiten geprägt ist, oft genug Arbeits- und Privatleben, indem es die ständige Erreichbarkeit oder das spontane Arbeiten von zu Hause zu jeder Tages- oder Nachtzeit ermöglicht. Diese Art der Verschränkung ist nicht positiv zu sehen und verführt ohne klare Regeln geradezu zur ungesunden Mehrarbeit. Wer nicht abschaltet, brennt aus. So weit, so bekannt.

Gerade die junge Generation fragt heute gern, wie viel Zeit der angestrebte Job ihnen für das Privatleben lässt, wobei eine so frühe Freizeitorientierung für viele etablierte Führungskräfte immer noch befremdlich wirkt. Doch betonen die Nachwuchskräfte das Privatleben wirklich aus Vergnügungssucht und völliger Ichbezogenheit heraus? Oder sind sie vielleicht eher an einer gesunden Lebensführung interessiert? Jedenfalls ist das Privatleben ein Thema auch für Hochschulabsolventen, die doch die Welt stürmen wollen und nach klassischer Lesart auf beruflichen Erfolg gepolt sein müssten. Nun, sie sind es in kritischer Masse eben nicht mehr. Nach der Darstellung in einschlägigen Zeitschriften und den hier bereits herangezogenen Studien scheint das Privatleben der jungen Generation im Sinne der Work-Life-Balance darauf abzuzielen, eine wie auch immer geartete Zerstreuung zu ermöglichen und vor allem Distanz zum Beruf zu schaffen. Es wird also eine notwendige Trennung von Berufs- und Privatleben konstatiert und mit Blick auf ein gesünderes, stärker familienbezogenes Leben auch durchaus für gut befunden.[105]

Der Konsens bis hierhin: Das Berufsleben sollte das Privatleben nicht durch ständiges Dazwischenfunken stören. So droht denen, die der Überlagerung der Welten indifferent begegnen, neben schlichter Arbeitsüberlastung ein permanent unausgewogenes Rollenspiel. Die Zerteilung der Persönlichkeit in hektisch aneinandergereihte private

103 Zehnder, Egon P. S. (1980): Manager mit Privatleben? Egon Zehnder International GmbH. Nachdruck der Veröffentlichung in der FAZ vom 11. März 1981. S. 29.

104 Ebd., S. 31.

105 Vgl. Deters, Jannik et al. (2022): Diese jungen Leute … in: WirtschaftsWoche 37/2022. S. 37.

und berufliche Rollen, noch beschleunigt durch ein digitales Dauerfeuer an Reizen (Social Media etc., aber auch berufliche Apps), ist durchaus eine Gefahr: »Nur darf niemand, der sich im Laufe des Tages mehrmals in Einzelheiten zerlegen muss, um den vielfältigen Rollen gerecht zu werden, erwarten, dass er noch eine in sich gefestigte, abgerundete, nach außen strahlende Persönlichkeit ist.«[106]

Persönliche Bedürfnisse und die Erfordernisse der beruflichen Rolle sind getrennt zu halten und jede Organisation sollte tunlichst versuchen, dieser Regel zu folgen.[107] Private Termine, zumal wenn sie die Erziehung des Nachwuchses betreffen oder auch die Betreuung der Eltern, sollten Gewicht bekommen und nicht (länger) als Sonderwünsche oder gar Illoyalität betrachtet werden.[108]

Die mehrheitliche Einstellung der jungen Generation hierzu, welche die erwähnten Studien erkannt haben wollen, ist allerdings nur scheinbar hilfreich. Das geschilderte Überlagerungsproblem greift nur bei denjenigen, die in *beiden* Welten sehr engagiert sind. Wenn aber das Pendel zu stark in eine Richtung ausschlägt, wird es mit der erfolgversprechenden Unternehmenskultur schwierig. Wer das Privatleben permanent dem Arbeitsleben vorzieht, ist zwar mit sich im Reinen, hinterlässt aber am Arbeitsplatz Lücken im Team, was dort für Verdruss sorgen und langfristig den Teamgeist zersetzen dürfte. Provokant gesagt, was die *Generation der Boomer* an Einsatz zu viel gezeigt hat, zeigt die *Generation Z* zu wenig.

Manche gestandene Unternehmerinnen und Unternehmer halten denn auch gar nichts davon, dass das Pendel zu sehr in Richtung Freizeit ausschlägt – ja, dass überhaupt Leben und Arbeit getrennt sind –, und lehnen das ganze Konzept der Work-Life-Balance eher ab.[109] Klar ist, dass zumindest sehr ambitionierte *New-Work*-Auslegungen, wie die 4-Tage-Woche als neue Norm, in einem produzierenden oder verfahrenstechnischem Unternehmen ungleich schwerer umzusetzen sind als etwa in einer Digitalagentur, zumal in Zeiten des Nachwuchsmangels. Wer signifikant weniger arbeitet, wird auf lange Sicht nicht mehr so viel verdienen können, Automatisierung hin oder her.[110] Manche wird das nicht stören, andere werden ihre Arbeitszeit freiwillig wieder hochfahren, weil ihnen doch das Geld fehlt.

---

106 Zehnder, Egon P. S. (1980): Manager mit Privatleben? Egon Zehnder International GmbH. Nachdruck der Veröffentlichung in der FAZ vom 11. März 1981. S. 29.

107 Vgl. Buchheim, Constanze (2023): *Verantwortung ist uns nicht in die Wiege gelegt worden*. Rethink Work-Podcast, 30.01.2023.

108 Diese Notwendigkeit hat bereits, trotz US-amerikanischer Prägung, Peter Senge gesehen und in seinem Standardwerk behandelt; Senge, Peter (1990): The Fifth Discipline. The Art And Practice Of The Learning Organization. Century Business. S. 306 ff.

109 So die Mitinhaberin des Weltmarktführers Trumpf, Nicola Leibinger-Kammüller in: Braunberger, Gerald/ Theile, Gustav (2023): Trumpf-Chefin im Interview: »Work-Life-Balance finde ich fürchterlich«.

110 Vgl. Höß, Andreas (2023): Arbeitsforscher: »Es wurde nie so viel gearbeitet wie heute«. Interview mit Enzo Weber auf merkur.de vom 05.06.2023.

Kaum aufgehen dürfte der zunehmend diskutierte Glaubenssatz, dass man *per se* weniger arbeiten und dabei mehr Wohlstand erzeugen kann. Die Arbeitenden unterschiedlicher Branchen und Tätigkeitsfelder stehen hier eher vor einer Zerreißprobe mit Sprengpotenzial. Ende offen.

In jedem Fall hat das Credo, dass man lebt, um zu arbeiten – so es für Deutschland jenseits des Klischees je gegolten hat –, ausgedient. Erst wer wieder oder erstmals Souverän dieser beiden Lebenswelten ist, hat die nötige Zeit und Kraft dafür, sie miteinander zu versöhnen, eine kongruente Persönlichkeit auszubilden oder weiterzuentwickeln, zu reflektieren und stets wahrhaftig aufzutreten.

> So beweist die Erfahrung, dass sich die Gewohnheit der Prioritätenzuteilung in der Gestaltung aller Lebensbereiche bewährt. Sie schafft nicht nur für andere Vertrauen und Gewissheit auf Konstanz und Kontinuität, sondern macht für den Vielbeschäftigten sehr oft messbar mehr Zeit frei für außerberufliche Belange, für sich selbst und für seine Mitmenschen.[111]

Dies ist nichts weniger als ein Plädoyer für eine komplette Persönlichkeit, die Arbeits- und Privatleben gleichermaßen souverän meistert, indem sie beide Welten in der Balance hält.

Fazit

Die richtige Work-Life-Balance ist also in der Tat essenziell für ein gelungenes, zufriedenstellendes Arbeitsleben und damit auch die Voraussetzung für den Aufbau einer vertrauensbasierten Kultur, in der Menschen gern Verantwortung übernehmen. Wie genau die zeitlichen und mengenmäßigen Verhältnisse von Arbeits- und Privatleben aussehen, ist unternehmensbezogen zu sehen und auszuhandeln. Dieses Verhältnis und Verständnis muss dann aber einheitlich gehalten und transparent kommuniziert werden, um überhaupt akzeptiert zu werden und damit Teil einer erfolgversprechenden Unternehmenskultur zu sein.

8.4 Konsequente Kundenperspektive, auch gegen den Strom

Es gehört zum Seltsamsten, was Forschungsaktivitäten und Abhandlungen über Führung ausmachen: Das, wofür Unternehmen und – ja – auch Behörden oder Nonprofit-Organisationen existieren, kommt höchst selten vor, nämlich die *Kunden.* Es wird seitenlang darüber philosophiert, welche Ziele eine gute Führungskraft setzen oder vereinbaren sollte oder ob man überhaupt Ziele braucht. Der Sinngebung (im Beratersprech *Purpose*) im Führungskontext bis hin zur ganzen Organisation wird größte

111 Zehnder, Egon P. S. (1980): Manager mit Privatleben? Egon Zehnder International GmbH. Nachdruck der Veröffentlichung in der FAZ vom 11. März 1981. S. 31.

strategische Aufmerksamkeit gewidmet, aber zum operativ Nächstliegenden, also der optimalen Bedienung der Kunden, wird selten die Verbindung hergestellt. Selbst in präsentierten Beispielszenarien, in denen Menschen direkt und persönlich als Individuen bedient werden müssen, etwa im Einzelhandel oder in der Vermögensberatung, zählen Kundinnen und Kunden nicht als Anker für Führungskonzepte. Ausnehmen möchte ich den Komplex der Führung im Vertrieb: Hier legen die meisten Führungskonzepte in der Tat den Kundenbedarf und damit auch die Kundensicht zugrunde. Jedoch stellt sich einschränkend die Frage, inwieweit es tatsächlich um Führung oder doch um Vertrieb oder Vertriebsmanagement geht.

Eine mögliche Erklärung für die häufige Ausblendung der Kunden- oder Marktsicht ist schlicht die fehlende Führungs- und Managementpraxis vieler Autorinnen und Experten. Sehr viele betrachten Führung stark aus der psychologisch-soziologischen Perspektive der Führungskraft in ihrem Verhältnis zum Team. Darüber hinaus hat besonders in Deutschland, auch als »Servicewüste«[112] berüchtigt, die Kundenperspektive offenbar schon lange keinen hohen Stellenwert mehr, vielleicht noch nie gehabt.

8.4.1 Kaizen wegen Kundenfokus – nicht bloßem Qualitätsfokus

Ganz anders dagegen in Japan, wo Kundennutzen, Kundenwert und Kundenservice ganz oben stehen. Was *Toyota* anbelangt, so kann ich dies aus der eigenen Beratungserfahrung bestätigen. Der Weg der kontinuierlichen Verbesserung, *Kaizen*, wird gemeinhin bewundert und für gut befunden – jedoch in seiner tieferen Absicht missverstanden. So gilt *Kaizen* hierzulande als eher technokratisches Instrument der Qualitätsverbesserung und Kostensenkung, vielleicht noch der inkrementellen Innovation. Tatsächlich geht es um etwas anderes!

> Die Kaizen-Anstrengungen zielen in Japan darauf, die Kunden mit überzeugenden Produkten und Dienstleistungen zufrieden zu stellen und langfristig an sich zu binden. In diesem Kontext werden alle Mitarbeiter ermutigt, eigene Verbesserungsvorschläge zu machen. In der Praxis bedeutet dies, dass Veränderungen diskutiert, geplant und ausprobiert werden. Dann werden sie kritisch analysiert und gegebenenfalls angepasst, bis das Produkt oder der Prozess ein Stück weiter perfektioniert ist. Danach suchen Vorgesetzte und Untergebene aber weiter nach Leerlaufstellen und nehmen bald die nächste Verbesserung in Angriff.[113]

112 Geffroy, Edgar K. (1993): *Das Einzige, was stört, ist der Kunde*. Redline Wirtschaft. S. 22. Der Autor war einer der ersten, die sich systematisch mit der Kundenperspektive in Führung und Management auseinandergesetzt haben.

113 Fritz, Martin (2023): Wie japanische Unternehmen durch Kaizen immer besser werden. WirtschaftsWoche online vom 04.04.2023.

So gesehen, ist *Kaizen* ein Führungsinstrument, das zwar nach innen angewendet wird, jedoch nach außen wirkt. Es ist sogar eines der wirkmächtigsten Führungsinstrumente überhaupt, auch wenn es meist in einem anderen Kontext verwendet wird. Darum hebe ich es hier heraus.

Allerdings möchte ich hier nicht konkrete Instrumente empfehlen, sondern es geht mir um Orientierungspunkte der Führung. Der Dienst einer Organisation an den Kunden, egal ob diese interne oder externe sind, ist ein essenzieller Orientierungspunkt.

8.4.2 Alarm schlagen, wenn die Kundenorientierung zurückgeht

Führungskräfte, die diesen Orientierungspunkt sehen, im Idealfall als Führungsleuchtturm verstehen, haben einen immensen Vorteil: Sie halten einen wichtigen Hebel zum Führungserfolg in der Hand. Umlegen müssen sie ihn allerdings selbst. Solange ein Unternehmen gut funktioniert, liegt dieser Hebel den meisten gut in der Hand, schwierig wird es bei Sand im Getriebe und noch schwieriger, wenn nur sehr wenige ein aufziehendes Unwetter bemerken, während sich die Organisation noch im Erfolg sonnt.

Nun schlägt die Stunde der Innovatoren, Veränderer und Querköpfe im positiven Sinn, die sich nicht beirren lassen, sondern aufrütteln und handeln. »Denn eines dürfen wir nicht vergessen: Unseren Lebensunterhalt bezahlt noch immer der Kunde.«[114] Diese Verdienstvollen müssen nicht immer Führungskräfte sein, jedoch sollten Führungskräfte den Mut zum Aufrütteln in sich tragen, um ihn jederzeit entfalten zu können. Mit Aufwecken, Alarmschlagen und Unruhestiften macht man sich nicht unbedingt beliebt, und bis eine Organisation den Wert einer Alarmierung erkennt, kann viel Zeit vergehen.

> Es besteht kein Zweifel, der Mut zur Unpopularität beginnt im eigenen Unternehmen: in Sitzungen, vor dem Aufsichtsrat, in der Geschäftsführung, vor den Betriebsräten. Aber er ist nicht nur Haus-Angelegenheit. Der Mut zur Unpopularität zählt sogar mehr vor der Öffentlichkeit, in den Medien und Parteien. Mut zur Unpopularität macht zur Zielscheibe. Er ist ein Risiko, das selten und meistens nur als Achtungserfolg belohnt wird. Die errungene Achtung, die wohl anerkennt, dass jemand bereit ist, allein zu stehen und sich zählen zu lassen, birgt ihre eigene Gefahr. Sie kann – böswillig – leicht als Geltungssucht oder Profilneurose ausgelegt werden. (...) Gerade weil der Mut zur Unpopularität Emotionen und Widerstand auslöst, verlangt er eine sachliche, objektive Darstellung. Sein Ziel ist ein Prozess, der den Anlass gibt, den bisherigen Weg zu

114 Geffroy, Edgar K. (1993): *Das Einzige, was stört, ist der Kunde*. Redline Wirtschaft. S. 22.

> überprüfen, die getroffenen Entscheidungen im neuen Licht zu besehen, und schließlich ein Umdenken auslöst. Geduld, innere Standfestigkeit und eine dicke Haut, die den Anfeindungen standhält, ist unentbehrlich.[115]

Damit ist fast alles gesagt. Zu unterscheiden sind allenfalls zwei Klassen an Innovatoren. So gibt es Mitarbeitende, die schon qua Jobbeschreibung Innovatoren sind, etwa im Bereich Forschung und Entwicklung oder auch interne Consultants und Produktdesigner. Darüber hinaus gibt es solche, die begleitend zu ihren eigentlichen Aufgaben Innovationen vorantreiben. Vor allem die Vertreter letzterer Spezies laufen leicht Gefahr, als vermeintliche Querulanten vor die Wand zu laufen. Sie sind für ihr Umfeld einfach unbequem, weil sie Dinge scheinbar ohne Not ändern möchten und nicht einmal legitimiert scheinen. In einer statischen, auf Traditionen setzenden Unternehmenskultur werden unverhältnismäßig viele der Vollzeit- und Teilzeitinnovatoren abwandern, weil sie notorisch ausgebremst werden.

Für das betroffene Unternehmen kann sich das zur existenzbedrohenden Katastrophe ausweiten. Trotzdem muss ein Unternehmen immer abwägen, welche Ideen und Innovationen es im Wettbewerb voranbringen und welche nicht. Auch die finanzielle Situation spielt dabei natürlich eine Rolle, sodass die eine oder andere Idee zwangsläufig auf Eis gelegt oder begraben werden muss.

Fazit

Eine erfolgversprechende Führungskultur hält Führungs- und Nachwuchskräfte, die den Kundenblickwinkel konsequent einnehmen, nicht nur *aus*, sondern *hoch*. Umso mehr, wenn sie hartnäckig gegensteuern, falls der Kundenbedarf und der zu schaffende Mehrwert für den Kunden aus dem Fokus geraten.

8.5 Entscheiden und Bestehen in der volatilen Welt

Die wirtschaftlichen Zusammenhänge sind komplex und bleiben es. Allein der rasche Technologiefortschritt bis hin zur künstlichen Intelligenz, die in vielen Branchen zunehmend kurzlebigen oder individualisierten Kundenwünsche sowie die ständig knapper werdenden Ressourcen seien hier nur beispielhaft genannt. Geostrategische Verwerfungen und globale Herausforderungen wie der potenziell katastrophale Klimawandel bilden die dauerhafte Begleitmusik mit vielen ernsten Tönen. Auch wer den heiteren Jazz spielt, lebt auf und von derselben Grundlage. Ob besser oder schlechter, ist im Sinne des folgenden Prinzips irrelevant.

115 Zehnder, Egon P. S. (1984): Mut zur Unpopularität. Egon Zehnder International GmbH. Nachdruck der Veröffentlichung in der FAZ vom 19. Oktober 1982, S. 44–48.

> Im Grunde dreht sich unser Zivilisationsprozess zu einem wesentlichen Teil um den Transport materieller und geistiger Güter. In diesem Sinne ist Informationsfluss ebenfalls ein Transportproblem. Die Zunahme der Möglichkeiten zum Beschleunigen und Verteilen von Informationen hat indessen nicht nur eine kaum mehr überschaubare komplexe Welt geschaffen, sie hat auch zahlreiche Widersprüche entstehen lassen, deren Sprengkraft kaum zu unterschätzen ist.[116]

Dieses Axiom vom Gütertransport, auf dem unser heutiges Leben beruht, sollten Führungskräfte, egal ob im Goldfischteich der Nachwuchstalente, im agilen Framework oder im Vorstand, kennen. Allzu leicht vergessen wir, dass unser Leben in der physischen Wirklichkeit stattfindet und wir diese durch Wirtschaften gestalten. Auch geistige Güter dienen am Ende mittel- oder unmittelbar dazu, unsere physische Existenz so angenehm wie möglich zu machen. Die Digitalisierung bis hin zur künstlichen Intelligenz sollte letztlich Hilfsmittel sein, nicht Selbstzweck. Informationen dienen uns als Grundlage für Entscheidungen, auch wenn diese Entscheidungen zu einem Teil von Systemen getroffen oder vorbereitet werden – wie gut dies auch immer geschieht, denn natürlich haben auch Systeme ihren Bias, je nachdem woher sie ihre Daten beziehen und nach welchen Algorithmen sie diese verarbeiten.

Inzwischen ist »die Informationsflut so groß, dass sie, wenn überhaupt, nur von wenigen und nur in Teilbereichen überblickt werden kann. Es ist eine bezeichnende Merkwürdigkeit der heutigen Entwicklung, dass das sogenannte Informationszeitalter vor allem einmal einen Informationsmangel geschaffen hat.«[117] Führungskräfte haben es mit einem veritablen »Entscheidungsgrundlagendefizit«[118] zu tun – sei es, weil sie sich auf Systeme verlassen, deren Funktionsweise intransparent ist, sei es, weil die Welt so volatil geworden ist, dass manche morgendliche Gewissheit schon am Abend desselben Tages nicht mehr gilt.

Für dieses Phänomen einer gestiegenen Volatilität, Unsicherheit, Komplexität und Ambiguität hat sich der Begriff der *VUCA-Welt* (VUCA=volatility, uncertainty, complexity, ambiguity) durchgesetzt. Ob diese vier der VUCA-Welt zugeschriebenen Phänomene tatsächlich neu sind, lasse ich offen. Die beschleunigte VUCA-Welt verdichtet die Phänomene allerdings auf bisher ungekannte Weise.

---

116 Zehnder, Egon P. S. (1984): Unternehmer-Pilot. Nachdruck der Veröffentlichung in der FAZ vom 6. März 1984. Egon Zehnder International GmbH. In: Zehnder, Egon P. S.: Der Weg zur Spitze. Band III. Egon Zehnder International GmbH. S. 45.

117 Ebd.

118 Ebd.

8.5.1 Informationen und Systeme richtig handhaben

Erschwerend kommt hinzu, dass Informationen nun einmal immateriell und daher nicht so leicht fassbar sind wie etwa Materialflüsse. Selbst ein leidlich geschultes Auge erkennt eine ungeschickt angelegte Produktionsstraße, aber keine ineffizienten oder gar ineffektiven Entscheidungswege – auch wenn die davon ausgehende Verschwendung und Risikoentwicklung dramatisch ist.

Um die Informationsflut auf das Wesentliche zu reduzieren und eine Information zu verstehen, müssen Führungskräfte erst einmal ihren tatsächlichen Informationsbedarf präzisieren und alle, zumeist intransparenten, Informationsprozesse und systemgenerierten Entscheidungsvorlagen oder -punkte sichtbar machen. Dann erst haben sie Anhaltspunkte für Verbesserungen vorliegen, können im Idealfall wertschöpfungsrelevante von wertlosen Informationen unterscheiden und sind überhaupt entscheidungs*befähigt*.

8.5.2 Unsicherheiten akzeptieren, offen kommunizieren

Was bedeutet dies nun für Führungskräfte und Nachwuchstalente? Sie sollten in erster Linie die Verhältnisse akzeptieren und offen kommunizieren, wenn sie etwas nicht wissen oder Annahmen nur unter Vorbehalt zu betrachten sind. Offenheit und Transparenz sind nun gefragt, was gerade etablierten Führungskräften noch immer schwerfallen kann. Die offene Kommunikation bringt aber nur scheinbar den Nachteil der eigenen Demaskierung mit sich. Liegen die Verhältnisse auf dem Tisch und sind erklärt, erfährt die Führungskraft ein viel größeres Verständnis für Entscheidungen und Regeln. Durch diese Transparenz erhält das Team sogar die Möglichkeit, an Entscheidungen zu partizipieren. Ein Team gestaltet und verzeiht viel, wenn es *Orientierung* hat.[119]

Überdies schließt sich der Kreis zur Sinnfindung. Ist der Sinn einer Entscheidung oder eines ganzen Wegs erklärt und vielleicht sogar gemeinsam verabschiedet, steht die Organisation stärker dahinter. Selbst Änderungen, so schwer sie in der Regel umzusetzen sind, dürften sich so leichter einsteuern lassen. Alle wissen zumindest, warum man erst in die eine Richtung gelaufen ist und diesen Weg nun korrigiert. Für die Führungskraft bedeutet dies zusätzliche Handlungssicherheit, für das Team die Gewissheit, gestalten zu können. Die Organisation lernt dazu und wächst an ihren Aufgaben.[120] Besonders die junge Generation dürfte dies freuen.

---

119 Vgl. Backovic, Lazar (2021): Führung. Nahbarer, reflektierter, klarer. In: Handelsblatt Nr. 135, 16./17./18. Juli 2021, S. 48 ff.

120 Vgl. Senge, Peter (1990): The Fifth Discipline. The Art And Practice Of The Learning Organization. Century Business. S. 233 ff.

Fazit

Das Bewusstsein, dass Wissen immer begrenzt bleibt, Entscheidungsgrundlagen auf dieser Begrenztheit aufbauen und Entscheidungen einer Halbwertzeit unterliegen, wird in einer erfolgversprechenden Führungskultur akzeptiert und offen kommuniziert. Wer auf bestehende Unsicherheiten konstruktiv hinweist, gilt nicht als schwach, sondern setzt den Rahmen für Entscheidungen und Aktionen, gibt Orientierung, gewinnt Glaubwürdigkeit – entsprechendes Handeln vorausgesetzt. Mögliche spätere Kursänderungen aufgrund neuer Erkenntnisse werden nicht als Makel begriffen, sondern als Norm und Chance zu lernen.

8.6 Klare und empathische Kommunikation auf Augenhöhe

Kommunikation war für die erfolgreiche Unternehmensführung schon immer essenziell, nur lief der bedeutungsvolle Kommunikationsfluss zumeist von oben nach unten. In die andere Richtung wurde allenfalls berichtet, doch ein Austausch auf Augenhöhe fand eher nicht statt.

In der modernen Arbeitswelt, der *New Work* besonders, gewinnt die horizontale Kommunikation an Bedeutung. Auch sie fand immer schon statt, nur war die Auswirkung früher höchst begrenzt. Bei der Arbeit in Frameworks oder echten Teams ist dies anders, die Menschen in diesen Einheiten tauschen sich aus und besprechen Themen, die unmittelbar kritisch für den Erfolg eines Produkts, eines Projekts oder eine Entscheidung großer Tragweite sein kann. Dem Credo, dass kein Mensch die Kommunikation vermeiden kann, kommt eine immer größere Bedeutung zu.[121] Die Art und Weise ebenso wie die Inhalte der Kommunikation innerhalb einer Organisation bestimmen unmittelbar die Führungs- und damit die Unternehmenskultur.

Ein wichtiger Baustein der gelungenen Kommunikation ist eine adressaten-, situations- und themenadäquaten Rhetorik. »Auf den Inhalt kommt es an. Doch (...) braucht auch der beste Inhalt eine entsprechende Form, um die Annahme zu erleichtern. (...) Der wichtigste Schritt für die Entwicklung einer erfolgreichen Verständigung ist indessen nicht die Entwicklung der Redegewandtheit, sondern des Zuhörens.«[122] Das kann man nicht oft genug wiederholen, denn wer nicht zuhört, findet keinen Zugang zu den jeweiligen Ansprechpartnern.

121 Der guten Ordnung halber sei an dieser Stelle auf die Erkenntnisse von Paul Watzlawick verwiesen, auch wenn diese inzwischen nahezu Allgemeingut geworden sind. Vgl. Watzlawik, Paul (1967): Pragmatics of Human Communication. A Study of Interactional Patterns, Pathologies, and Paradoxes. W. W. Norton & Company.

122 Zehnder, Egon P. S. (1984): Sich verständlich machen. Nachdruck der Veröffentlichung in der FAZ vom 21. Juli 1983. Egon Zehnder International GmbH. In: Zehnder, Egon P. S.: Der Weg zur Spitze. Band III. Egon Zehnder International GmbH. S. 11.

Darauf aufbauend gilt es, jede Kommunikation zu planen: »Gute Planung bedeutet, Ziele und Einstellungen jener abzuschätzen, die angesprochen werden wollen.«[123] Erst danach »tritt auch die Form der Darstellung in den Mittelpunkt. (...). Zur Planung gehört zudem die Beurteilung der Umwelt, in der die Verständigung stattfinden soll: Es ist ein Unterschied, ob man seine Mitarbeiter für eine bevorstehende Aufgabe morgens früh, kurz vor oder gar nach Feierabend motivieren will. Es ist ein Unterschied, ob man sich ihren Beschwerden am Arbeitsplatz stellt, sie zu sich ins Büro zitiert oder an einem neutralen Versammlungsort trifft.«[124]

Darüber hinaus ist der Rahmen, in dem kommuniziert wird, präzise zu setzen. Zu oft wird eine Nachricht oder Information einfach in die Welt gesendet, ohne dass der Kontext noch einmal richtig erklärt wird. Allerdings ist dieses sogenannte *Framing* besonders bei potenziell eher unangenehmen Nachrichten mit Vorsicht zu behandeln, denn eine offensichtliche Beschönigung der Lage fällt erst recht negativ auf.[125] Die erfolgreiche Kommunikation meistert die Balance aus positiver Darstellung und plumper Etikettierung mit einem gewünschten Weltbild.

Insbesondere in der *New Work* und im digital unterstützten hybriden Arbeiten an mehreren Orten ist das Gefahrenpotenzial einer misslungenen Kommunikation groß. Die disziplinarische Führungskraft und Personen mit weiterführenden Verantwortlichkeiten im Rahmen des verwendeten Frameworks agieren möglicherweise örtlich verteilt und gestalten ihre Kommunikation abhängig von digitalen Medien.

8.6.1 Individuell, empathisch, verständlich

Die tradierte Kontrollroutine, geprägt »durch Fragen, durch Ermunterung von Reaktionen und Kommentaren, durch nachfolgende Gespräche und durch sorgfältige Überprüfung der Leistung im Hinblick auf die geforderten Ziele«[126] kann nur noch unter erschwerten Bedingungen ausgeführt werden – was dazu einlädt, sie gleich ganz fallenzulassen. *New Work* kann man auch als Anregung zur Vertrauensbildung verstehen.

Ohnehin ist eine verständliche Ausdrucksweise im rhetorischen Sinne immer einzufordern, wohingegen die Sprachvernebelung durch leere Phrasen, Euphemismen, akademische Fachsprache oder berufsbezogene Spezialausdrücke eher ungünstig erscheint. Gerade in der *New Work* und angesichts einer in vielerlei Hinsicht divers zu-

123 Ebd., S. 13.

124 Ebd., S. 13 f.

125 Vgl. Oltmanns, Torsten/Nemeyer, Daniel (2010): Machtfrage Change. Campus. S. 172 ff.; Oltmanns und Nemeyer halten sich mit Kritik am Framing allerdings eher zurück.

126 Zehnder, Egon P. S. (1984): Sich verständlich machen, S. 13.

sammengesetzten Arbeitswelt sollten Führungskräfte und junge Talente gleichermaßen für Kommunikation und ihre Wirkung sensibilisiert sein.

Kommunikation gewinnt umso mehr an Effekt, je individueller sie ihre Zielgruppe anspricht – und je stärker sie reziprok gestaltet ist. Man kann es nicht oft genug wiederholen: Gute Führungskräfte hören zu!

In der *New Work* muss die Kommunikation im Vergleich zu traditionellen Organisationen noch intensiver gestaltet werden. Man sieht sich vielleicht nicht mehr in der Küche am Ende des Flures, es gibt keinen ungezwungenen Austausch mehr, der sich zufällig ereignet. Genau diese Begegnungen, diese Inseln der Kommunikation tragen zur Vertrauens- und Kulturbildung bei. Also muss man versuchen, diese Kommunikationsereignisse beispielsweise über Videokonferenzen herbeizuführen. Die Coronapandemie hat eindrucksvoll gezeigt, dass dies klappen kann.

Gleichwohl fällt es tendenziell schwerer, auf diesem Weg Empathie zu zeigen oder zu entwickeln. Empathie aber gehört zu den wichtigsten Eigenschaften moderner Führungskräfte[127] – auch wenn ich glaube, dass Empathie nur sehr begrenzt erlernbar ist. Immerhin kann man Menschen für Menschen sensibilisieren. Ohne Empathie jedenfalls gelingen weder Kommunikation noch Führung dauerhaft. Eine Kommunikation, die Empathie vermittelnde Rhetorik einschließt oder im Idealfall auf dieser beruht, wäre ein erster, wichtiger Meilenstein auf dem Weg zur *empathischen Führungskraft*.

Daher ist es umso wichtiger, im *New-Work*-Rahmen aktiv an Möglichkeiten der Begegnung auch in der digitalen Welt zu arbeiten und diese strukturell zu schaffen.

8.6.2 Rückmeldung ermöglichen und fördern – und zuhören

Kommunikation ohne Rückmeldung ist bekanntlich eine Einbahnstraße. Daher gehört die Rückmeldung zu den Grundpfeilern der Führungskultur. Bleibt sie aus, kann sich keine förderliche Kultur entwickeln, da die Menschen nicht zueinander finden, keine gemeinsame Basis erzeugen können. Wir haben es zuvor bereits angerissen, es ist eine absolut essenzielle Aufgabe der Führungskräfte und auch der Akteure mit Koordinationsverantwortung innerhalb von Frameworks, Rückmeldung zu geben. Diese sollte möglichst persönlich und individuell erfolgen. Wenn sich die Beteiligten gut kennen und es um konkrete Vorfälle oder Themen im aktuellen Arbeitsfluss geht, darf sicherlich auch die E-Mail genutzt oder ein Videokonferenztool verwendet werden.

127 Vgl. Götsch, Antonia (2023): War Empathie nur eine Mode? Harvard Business manager online vom 18.07.2023.

Das *aktive, effektive Zuhören* ist daher immanenter Teil der gelungenen Kommunikation. Dies mag in der persönlichen Kommunikation mit physischer Präsenz noch naheliegen und vielen, geschulten Führungskräften vielleicht sogar leichtfallen. Anders sieht es in der hybriden Arbeitswelt mit einem hohen Anteil an mobiler Arbeit und folglich an Kommunikation über digitale Instrumente aus.

8.6.3 Digitale Lösungen – Gefahr der falschen Ritualisierung

Da also *New Work* häufig mit digitalen Tools einhergeht, lauert eine neue Gefahr. Sind zu starre Kommunikationsrituale – wie etwa das jährliche Personalgespräch – schon in der traditionellen Arbeitswelt fragwürdig, steigt das Risiko fehlgeleiteter Kommunikation in der digitalen *New Work* eher, als dass es sinkt. So begünstigt die Digitalisierung Befragungen und Datensammlungen zur Fütterung aller möglicher Analysen. Vor allem ist es durch die Technisierung sehr einfach, viele Adressaten gleichzeitig zu kontaktieren und dabei sowohl Anonymität als auch strenge Datenschutzvorgaben zu wahren.

Bringt das etwas? In der Tendenz, so ist zu befürchten, eher nein. Natürlich ist eine *intensive* Kommunikation im Führungskontext immer erforderlich, wie soeben dargelegt. Doch Kommunikation gewinnt vor allem *im persönlichen Miteinander* an Wert[128], weniger durch anonyme virtuelle Briefkästen oder Massenbefragungen. Es mag Situationen geben, in denen diese Herangehensweise unumgänglich ist, etwa wenn Informationen aus vielen Quellen sehr schnell eingeholt werden müssen. Doch sollte sie nicht ritualisiert werden, nach dem Motto: Wir fühlen einmal im Quartal den Puls der Organisation. Eine Organisation, in der die Führungskommunikation auf persönlicher Ebene funktioniert – egal ob vor Ort oder über Videokonferenz –, hat diese digitalen ›Befragungskapriolen‹ nicht nötig.

8.6.4 Einheitlich von der Spitze

Ein kleines Dilemma erlebt dabei die Unternehmensspitze. Mitglieder des Vorstandes und der Geschäftsführung werden gerade in größeren Organisationen natürlich keine horizontale Kommunikation mit der Belegschaft aufbauen können. Sie können allenfalls mehr oder weniger willkürlich ausgewählte Mitarbeitende sprechen. Doch kommunizieren müssen sie. Hier gilt also etwas anderes: Die Kommunikation sollte abgestimmt werden auf die Unternehmensstrategie und Orientierung geben – mithin die eigene *Vertrauenswürdigkeit stärken* und damit *das Vertrauen der Mitarbeitenden stärken*. Aus dem Vorstand, aus der Geschäftsführung heraus sollte daher möglichst

128 Es sei hier beispielhaft auf die Erfahrungswerte von Wilhelm Friedrich Boyens im Kapitel ›Führungsgespräche‹ verwiesen.

einheitlich und verständlich für das *ganze* Publikum kommuniziert werden. Wenn diese Kommunikation in der Wortwahl und Aussage dann noch die akzeptierte Unternehmenskultur erkennbar reflektiert, ist schon viel gewonnen.

Den Vorsichtigen oder noch Unsicheren sei übrigens gesagt: Es gibt nicht zu viel Führungskommunikation, nur zu wenig![129]

Fazit

In einer erfolgversprechenden Führungskultur folgt die Kommunikation klaren Regeln und wird bevorzugt im direkten Austausch vollzogen, sei es physisch im selben Raum oder digital gestützt. Sie ist dabei nie Selbstzweck, Kommunikationsrituale werden dosiert vollzogen und müssen der Wertschöpfung dienen, wobei auch das ungezwungene soziale Miteinander durchaus erwünscht ist. Im Idealfall reflektiert die Kommunikation das als positiv empfundene Wertegerüst und Menschenbild des Unternehmens. Die Topführungskräfte sind besonders in der Pflicht, mit ihrer Kommunikation Orientierung zu geben und Vertrauen zu stärken. Ungeachtet der Hierarchieebene begegnen sich die Kommunikationsteilnehmer in der Organisation menschlich auf Augenhöhe, sie tauschen sich aus und hören einander zu.

8.7 Fairness, Anstand und Anerkennung

Anstand und Fairness müsste man eigentlich nicht erwähnen, wenn sie denn nicht so oft abwesend wären. Und zwar in zweierlei Hinsicht: auf der strukturellen Ebene und auf der persönlichen. Die persönliche Ebene ist sicherlich die kompliziertere, denn hier verheddert man sich bei der Beurteilung dessen, was anständig ist oder nicht, schnell in moralischen Fragestellungen, die sich auch noch kulturell unterscheiden. Gleichwohl ist strukturelle oder persönliche Unanständigkeit verheerend, denn auf lange Sicht demotiviert sie die Menschen und schlimmstenfalls hält der Zynismus Einzug. Die Besten gehen, dann die Zweitbesten und am Ende ist der Ruf als Arbeitgeber ruiniert.

8.7.1 Fairness: gleicher Qualitätsmaßstab, aber Anpassung der Erwartungen an unterschiedliche Bedingungen

Stecken wir hier also den Rahmen ab und beginnen mit der kurzen Betrachtung dessen, was Fairness als wichtiger Bezugspunkt zum Anstand bedeutet. Faire Führungskräfte versuchen, gleiche Bedingungen für alle Teammitglieder oder Eingebundenen zu schaffen und in der Arbeitsverteilung oder Arbeitskoordination die Interessen und Kompetenzen der Einzelnen zu berücksichtigen. Gleiche Bedingungen bedeuten nicht

129 Vgl. Flynn, Francis J./Lide, Chelsea: Communication Miscalibration: The Price Leaders Pay for Not Sharing Enough. Academy of Management Journal, Vol. 66, No. 4.

unbedingt gleiche Zielvorgaben (so es überhaupt welche gibt) oder gleiche Abgabefristen oder gleiche Arbeitsmenge, sondern *Wahrung der Verhältnismäßigkeit*. Wenn faire Führungskräfte beurteilen müssen, nehmen sie den gleichen *Qualitätsmaßstab*, aber sie passen die Erwartungen bestimmter Kenngrößen beispielsweise an unterschiedliche Lebensphasen oder Arbeitszeitmodelle der Mitarbeitenden an. Kurz: *Sie vergleichen nicht Äpfel mit Birnen.*

Jenseits ideologischer oder hochgreifender Betrachtung ist Fairness eine »praktische Wirklichkeit«[130], in der sich die Führungskraft bewegt: Fairness darf kein »utopisches Ideal«[131] bleiben, sondern muss ein Mittel sein, um »das fruchtlose Gerangel um juristische Spitzfindigkeiten und das peinliche Sezieren menschlicher Eigenschaften«[132] zu vermeiden. Anders gesagt: Politische Ränkespiele und Grabenkämpfe um Macht und aus Eitelkeit unterminieren jede Fairness und jeden Anstand. Stattdessen stützt sich die gelebte »Fairness auf Kodex oder Etikette, auf ungeschriebene, anerkannte Verhaltensweisen«[133]. So gesehen, ist Fairness die »Gerechtigkeit der kleinen Schritte«[134] oder der konkreten Situation. Wer darf wann Urlaub machen und warum? Wer erhält welche Privilegien im Arbeitsalltag, und was gilt überhaupt als Privileg? Wie wird die persönliche Leistung in Sonderlagen gemessen, für die es kein Drehbuch und keine Regularien gibt? Kann es ein fairer Ausgleich sein, dass Teile des Betriebs weniger Stunden arbeiten, jedoch zu festen Zeiten, während die Büroleute dafür nach Gleitzeitregeln erscheinen dürfen oder gleich im Homeoffice bleiben? Der Fragen und Ansätze gibt es viele. Immerhin kann ein unternehmensweit gültiger Verhaltenskodex einige Orientierung für die größten wiederkehrenden Problemstellungen geben. Das tägliche Klein-Klein reguliert die Unternehmenskultur.

Doch anerkannte explizite wie ungeschriebene Verhaltensweisen unterliegen eben auch der gesellschaftlichen Norm – Fairness global und interkulturell zu betrachten, kann eine Herausforderung sein. Im Zweifel muss lokal ausgehandelt werden, was als fair und unfair gilt, Gleiches trifft auf den Anstand zu.

In unseren Maßstäben bedeutet fair vor allem kooperativ, ja vertrauensvoll, und beschreibt einen Führungsstil, unter dem nicht jeder die Schwächen des anderen für individuelle Ziele ausnutzt, sondern man gemeinsam auf ein Ziel hinarbeitet. Erfolg wird durch gemeinsame Anstrengung erreicht. Die fairnessorientierte Organisation bringt Führungskräfte hervor, die dafür sorgen, dass alle Teammitglieder ihr Leistungsvermögen und ihre persönlichen Fähigkeiten voll entfalten können.

---

130 Zehnder, Egon P. S. (1980): Führung mit Fairness. Nachdruck der Veröffentlichung in der FAZ vom 10. März 1982. In: Zehnder, Egon P. S.: Der Weg zur Spitze. Band II. Egon Zehnder International GmbH. S. 9.

131 Ebd.

132 Ebd.

133 Ebd.

134 Ebd.

Fairness wollen wir also nicht als »Sozialdarwinismus verstanden wissen, der dem Tüchtigsten (und Rücksichtslosesten) das Recht gibt, über die Unterlegenen hinwegzuschreiten«[135], sondern als »Anerkennung der Chancengleichheit«[136]. Der überfokussierte und selbstzentrierte Homo Oeconomicus wird vom Spielfeld genommen! Fairness ist demnach für die Führungskraft auch ein Gebot, um die Chancengleichheit zu fördern und die zerstörerische Wirkung von Fehlurteilen abzumildern, »weil Verlass ist auf die faire Beurteilung: Damit ist das Erfolgserlebnis garantiert; im Falle einer Niederlage oder eines Fehlentscheides bleibt aber die Verhältnismäßigkeit gewahrt!«[137]. Führungskräfte, die sich innerhalb eines auf diesen Werten aufgebauten Koordinatensystems bewegen, und dieses System darf durchaus formal festgeschrieben sein, machen automatisch vieles richtig.

Fairness kann somit konkret als »Entscheidungshilfe«[138] dienen und positiv ausstrahlen als »Zeichen der Kraft, der Reife und der inneren Stärke. Ihre Bedeutung für die Führungsfähigkeit tritt hier besonders deutlich hervor. Wenn Fairness ein Merkmal der Überlegenheit, des hohen Urteilsvermögens und Überblicks ist, dann wird auch verständlich, weshalb Fairness nach allen Seiten Vertrauen schafft und eine anspornende Kettenreaktion auslöst: In ihr gedeiht Selbstvertrauen, das zu besseren Leistungen befähigt.«[139] Es schließt sich der Kreis zu Tom Sommerlatte und Jean Luc Fallou mit ihren Erkenntnissen aus der Vertrauensforschung.

Fairness ermöglicht erst die erfolgreiche Unternehmensführung, denn das »Vertrauensklima hat zur Folge, dass es Gleichgesinnte anzieht (…). Team ist das Stichwort, welches die Frage, ob sich Fairness heute noch lohnt, beantwortet. Man denke nur an die wachsende Komplexität von Wirtschaft und Wissenschaft, die ohne interdisziplinäre Zusammenarbeit undenkbar ist. Die Bedeutung der Fairness liegt nicht zuletzt darin, dass sie das Klima schafft, in dem eine fruchtbare Kooperation überhaupt erst ermöglicht wird, ohne aber den individuellen Wettbewerb, der zur Leistungssteigerung notwendig ist, zu behindern.«[140]

Fairness bewegt sich ebenso wie der Anstand in einem Koordinatensystem, das von Machtgefälle geprägt ist. Ähnlich der Fairness gewinnt anständiges Verhalten besonders dann, wenn die Höherstehenden es gegenüber ihrem Team zeigen.

Je seltener Führungskräfte direkten Kontakt zu ihrem Team haben – im Falle von Mitgliedern der Unternehmensleitung ist dies die gesamte Belegschaft –, desto stärker

135 Ebd., S. 11.
136 Ebd.
137 Ebd.
138 Ebd.
139 Ebd.
140 Ebd., S. 11 f.

mögen sie bei den wenigen Gelegenheiten, die sich bieten, der Belegschaft »großzügig Anerkennung«[141] zukommen lassen und im Übrigen als Vorbild mit gutem Beispiel, eben anständigem Verhalten, vorangehen.

Hier relativiert sich die Kritik am Konzept des Führens durch Vorbild. Es bringt in der Tat herzlich wenig, jemanden nachzuahmen, besonders wenn man ganz andere Talente hat. Insoweit läuft Führen durch Vorbild ins Leere. Ganz anders stellt es sich aus dem Blickwinkel des Anstands heraus dar. Hier zeigt unsere Beratungspraxis einen gewaltigen Effekt. Vorgesetzte, die sich über alle Regeln des Anstands, wie sie in einem Unternehmen explizit und implizit gelten, hinwegsetzen, haben eine potenziell verheerende Wirkung auf die Organisation. Sie zerstören das Vertrauen und zersetzen erst die Moral, dann eine erfolgversprechende Unternehmenskultur und schließlich verunmöglichen sie dadurch eine erfolgversprechende Führung.

8.7.2 Wie also zeigen Führungskräfte konsensfähigen Anstand?

Neben dem »Anrecht auf Anerkennung«[142] gehört die »faire Kritik«[143] zum unbedingten und durch Anstand geprägten Führungsinstrumentarium, denn nur dadurch können sich Mitarbeitende weiterentwickeln. Chancengleichheit, darauf möchte ich ausdrücklich hinweisen, bedeutet nicht etwa Gleichmacherei. »Ein Chef, der nicht regelmäßig seine Untergebenen taktvoll, objektiv, wohlwollend, aber nichtsdestotrotz deutlich auf ihre Fehler aufmerksam macht, verletzt grundsätzliche Anstandsregeln«[144], so Egon P. S. Zehnder. Hier trifft er sich übrigens mit Jack Welch, der nach eigener Aussage seine harten Personalentscheidungen im Rahmen seiner berühmt-berüchtigten Personalpolitik immer erst nach Rückmeldung und Chance zur Leistungsverbesserung getroffen hat.[145]

Drastisch, aber umso anschaulicher sind die Vorstellungen von Egon P. S. Zehnder in Sachen Anstand und seiner Anleihen beim Militär,

> sei das beim Essen (»The good officer feeds first his men«), oder beim Schlafen (»Der Offizier ruht zuletzt«), bei der Arbeit (»Der Vorgesetzte arbeitet länger und härter«), beim einfachen Appell (»Der Chef schaut in die Sonne«) oder bei der Befehlsgebung im allgemeinen (»Die Bitte der schärfste aller Befehle«). (…). Durch den Verzicht im Kleinen wird er glaubwürdig in der Forderung nach

141 Zehnder, Egon P. S. (1984): Regeln für Mächtige. Nachdruck der Veröffentlichung in der FAZ vom 8. September 1983. Egon Zehnder International GmbH. In: Zehnder, Egon P. S.: Der Weg zur Spitze. Band III. Egon Zehnder International GmbH. S. 17–22.
142 Ebd., S. 19.
143 Ebd.
144 Ebd.
145 Welch, Jack/Byrne, John A. (2003): Jack: Straight from the Gut. Grand Central Publishing. S. 58 ff.

> dem Verzicht aller im Großen und der gemeinsamen Unterordnung im Hinblick auf den Auftrag.[146]

Allerdings sind wir in der Wirtschaft oder der Gemeinwohlarbeit nicht beim Militär, auch wenn sich besonders US-Unternehmen gern dekorierter Veteranen bedienen, doch gleichwohl lassen sich diese Beispiele in die zivile Welt übertragen. Gerade in Krisenphasen, wenn Führung oft und berechtigt etwas straffer ausgelegt werden muss (*New Work* hin oder her), gewinnt die geschilderte Haltung enorm an Relevanz. Aus der Zeit gefallen ist Zehnders Forderung allemal nicht. So schaffen es große Skandale der Vorteilsnahme und Compliance-Verstöße jedes Jahr aufs Neue in die Medien. Da fragt man sich unweigerlich, wie viele von den Medien unentdeckte Skandälchen es geben muss – alle mit der erwähnten fatalen Wirkung. Übrigens geben sich dabei auch Frauen die zweifelhafte Ehre, insoweit ist die obige, sprachlich allein auf den Mann abhebende Darstellung sogar etwas irreführend.

Wie sehr muss man seinen Mitarbeitenden misstrauen, um sie so klein wie möglich zu halten? Wie gering muss man sie schätzen, um jedes Privileg auszukosten und konsequent für sich selbst das Beste und Angenehmste zu beanspruchen? Seien es auch Einzelfälle, die negativen Folgen für die Organisation einschließlich Schallverstärkung durch die Medien bleiben nicht aus.

Anständige Führungskräfte zeigen bei allem Selbstbewusstsein eine gewisse Bescheidenheit und lassen ihr Team glänzen, wo immer es geht. Sie haben erkannt, dass die Aufgabe größer ist als sie selbst (Marvin Bower lässt noch einmal grüßen). Sie kritisieren – fair –, wenn es geboten ist, etwa weil das gewünschte Arbeitsergebnis in Gefahr ist. Doch ihre Hauptmission ist die Ermöglichung und Ermunterung. Anstand und Fairness bedingen und verstärken einander, sie minimieren in erster Linie die zwischenmenschlichen und in zweiter Linie die monetären Reibungsverluste einer Organisation.

Fazit

Führungskräfte zeigen Anstand, wenn sie Mitarbeitenden vertrauen und sie fair, mit Respekt und nicht als reines Mittel zu irgendeinem Zweck, sondern als immanenten Teil der Organisation behandeln. Sie sind anständig, wenn sie auf unnütze Privilegien verzichten können, wenn sie sich nicht um Unangenehmes drücken, wenn sie für ihr Team im Wind stehen.

Anstand bedeutet, Erwartungen ins richtige Verhältnis zu setzen. Führungskräfte sind anständig, wenn sie konsequent, moralisch und sachbezogen den vom Rollenverständnis erwarteten Anteil daran leisten, ihrem Team den Erfolg zu ermöglichen.

Anstand in diesem Sinne fördert die Kooperation, das Vertrauen und das Gefühl für Verantwortung in einer Organisation.

146 Zehnder, Egon P. S. (1984): Regeln für Mächtige. S. 19.

Wir haben nun die Elemente einer erfolgversprechenden Führung aus Wissenschaft und Beratung beleuchtet und ein hoffentlich für alle schlüssiges Bild erhalten. Dieses Bild ist unten in eine Grafik übersetzt, um die nun folgenden Führungsgespräche aus der Praxis einzuleiten. So lassen sich die Aussagen der Befragten bei Bedarf einzelnen oder mehreren Schichten zuordnen. Die Ebenen wären dann so zu verstehen: Wenn eine Aussage etwa stark auf die Kultur abhebt, dann wäre eine Umsetzung in der eigenen Organisation eher aufwendig, der Hebel jedoch groß. Bei Fokus auf die konkrete Aufgabe oder Verantwortlichkeit hingegen wäre eine Änderung vergleichsweise einfach und in einem formellen Akt durchzuführen, die Wirkung auf die Organisation bliebe aber wahrscheinlich sehr begrenzt.

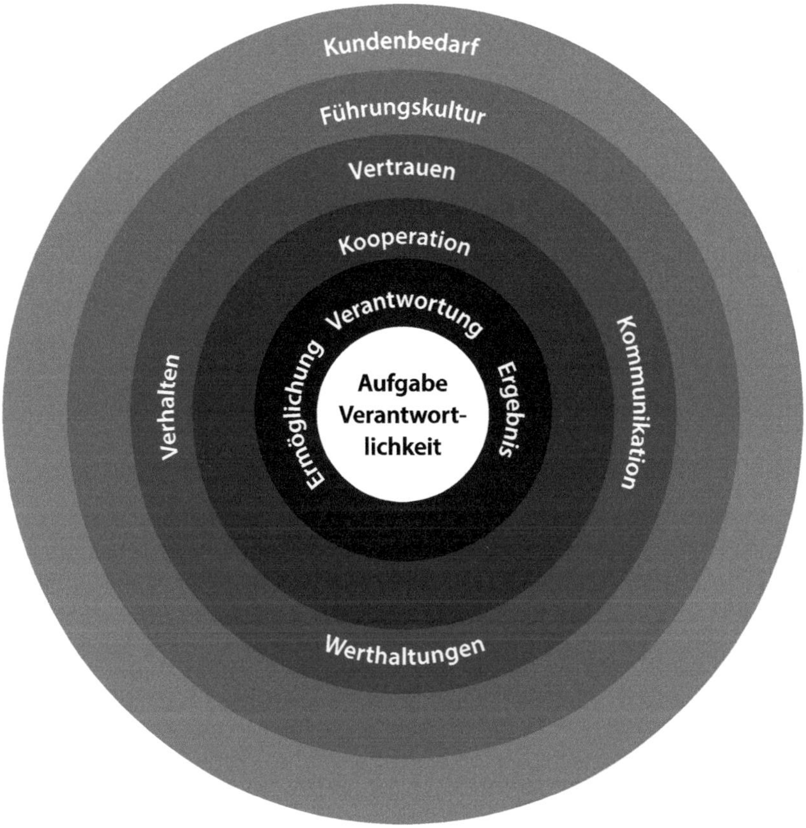

Führungsorganisation nach dem Verantwortungsprinzip

Gleichen wir also die bisherigen Erkenntnisse zumindest schlaglichtartig mit der Praxis ab.

9 Führungsgespräche

Der Anspruch dieses Buches ist es, über die Theorie und Fachliteratur hinaus einen möglichst authentischen praktischen Eindruck von Führung zu gewinnen. Natürlich wird man immer eher anekdotische Erkenntnisse gewinnen, wenn man wenige einzelne Personen befragt. Die persönlichen Erfahrungsberichte sind jedoch in aller Regel viel tiefer gehend und beschreiben Sachverhalte oder Erfahrungen aus unmittelbarer Sicht der Handelnden.

In diesem Kapitel äußern sich Führungskräfte, Berater und Unternehmerpersönlichkeiten zum Thema Führung und geben Einblicke in ihre Erfahrung. Es sei an dieser Stelle darauf hingewiesen, dass die Interviews unabhängig von der Meinung der befragten Persönlichkeiten zu den Thesen dieses Buches erfolgten. Erwünscht waren hier ausdrücklich die persönlichen Ansichten, basierend auf entsprechender beruflicher und gesellschaftlicher Erfahrung.

Auch war wichtig, dass das Thema Führung im Fokus steht und nicht die Produkte oder Dienstleistung, die die befragen Führungskräfte vertreten. Ebenso soll der Ausbildungshintergrund keine Rolle spielen, sondern allein der berufliche Werdegang und die damit verbundenen Einblicke und Erfahrungen zum Thema Führung.

Ziel der Führungsgespräche ist daher die Verdeutlichung und auch Relativierung der Führungstheorien mit Blick auf die Praxis. Die daraus gewonnenen Erkenntnisse fließen in den letzten Teil des Buches ein.

Wichtig war mir, dass die Aussagen der Befragten möglichst authentisch dargestellt werden, im Idealfall mit einer erkennbaren persönlichen Note. Daher sind die Gespräche nur leicht lektoriert, aber nicht in eine möglichst perfekte Schriftsprache übertragen worden. Eine tabellarische Auswertung der Interviews befindet sich im Postscript des Buchs.

9.1 Gregor Baer: Vom Nachwuchs kann man lernen, flexibel und anpassungsfähig zu sein

Hintergrund

- Diplom-Ingenieur
- langjährige Führungs- und Managementlaufbahn als Unternehmer im Wintersport-Premiummarkensegment (Co-Gründer der Marke INDIGO)
- Mitglied im Managementteam der Head N. V., einem weltweit führenden Sportartikelhersteller
- Berufseinstieg als Unternehmer: 2003

Hat sich aus Ihrer Sicht, vielleicht gerade als Unternehmer, das Verständnis von Führung über die Jahrzehnte geändert – wenn ja, wie?
Ja, das Verständnis von Führung und Management hat sich im Laufe der Jahrzehnte gewandelt. Früher lag der Fokus oft auf hierarchischer Kontrolle, während heute vermehrt partizipative Führungsstile und Teamarbeit betont werden. Die Diskrepanz zwischen Unternehmern und angestellten Managern kann in unterschiedlichen Prioritäten, Risikobereitschaft und Entscheidungsprozessen liegen, wobei moderne Ansätze eine stärkere Betonung auf Flexibilität und Mitarbeiterbeteiligung setzen.

Welche besondere Führungskrise haben Sie erlebt und wie haben Sie diese bewältigt?
Seit 2004 gab es mehrere Führungskrisen, darunter die Finanzkrise von 2008 und die Eurokrise. Die Coronakrise ab 2019 stellte eine besondere Herausforderung dar. In der Wintersportbranche führten Lockdowns, Reisebeschränkungen und Unsicherheit zu erheblichen Beeinträchtigungen. Viele Unternehmen mussten flexibel reagieren, digitale Lösungen implementieren und verstärkt auf lokale Märkte setzen. Eine erfolgreiche Bewältigung erforderte oft Agilität, Solidarität innerhalb der Branche und Anpassungsfähigkeit. Für uns bedeutete es den Anschluss des Unternehmens an die HEAD Group, einen der großen Player im Markt. Die Perspektive, die sowohl die INDIGO-Gründer als auch der Eigentümer von HEAD sahen, war, mit INDIGO eine Premiummarke in das Portfolio der HEAD Group im Skisegment einzufügen und diese gemeinsam weiterzuentwickeln und zu internationalisieren.

Was haben Sie von Nachwuchs(führungs)kräften gelernt?
Von Nachwuchsführungskräften kann man lernen, wie wichtig es ist, flexibel und anpassungsfähig zu sein. Sie neigen dazu, neue Technologien und moderne Arbeitsweisen besser zu integrieren. Zudem betonen sie oft Teamarbeit, offene Kommunikation und eine ausgeprägte Work-Life-Balance. Der Umgang mit Veränderungen und die Fähigkeit zur kontinuierlichen Weiterentwicklung sind ebenfalls wertvolle Lehren aus ihrer Herangehensweise.

Junge Talente haben wohl schon immer neue Impulse eingebracht und Forderungen gestellt, mal mehr mal weniger vehement. Inwieweit sollte eine Organisation auf diese eingehen?
Eine Firma sollte auf die Impulse und Forderungen junger Talente eingehen, da dies einen Beitrag zur Innovationskraft und Anpassungsfähigkeit leisten kann. Das Einbeziehen verschiedener Perspektiven fördert Kreativität und ermöglicht es Unternehmen, sich besser an sich ändernde Marktanforderungen anzupassen. Es ist wichtig, einen offenen Dialog zu pflegen und gemeinsame Lösungen zu finden, um die Motivation und Bindung junger Talente zu stärken.

Welche persönliche Stellungnahme, welches Anliegen zum Thema Führung liegt Ihnen am Herzen?
In einem mittelständischen Unternehmen der Sportbranche ist eine ideale und moderne Führung durch folgende Aspekte geprägt, hier greife ich gern auf unsere INDIGO-Formel zurück:

1. Partizipation und Teamarbeit: Förderung einer teambasierten Zusammenarbeit und Einbindung der Mitarbeiter in Entscheidungsprozesse, um ihre Expertise und Perspektiven zu nutzen.
2. Flexibilität und Agilität: Anpassungsfähigkeit an sich ändernde Marktbedingungen und technologische Entwicklungen, um auf dem neuesten Stand zu bleiben und Chancen zu nutzen.
3. Klare Kommunikation: Offene und transparente Kommunikation auf allen Ebenen, um das Vertrauen der Mitarbeiter zu stärken und Missverständnisse zu vermeiden.
4. Förderung der individuellen Entwicklung: Unterstützung von Weiterbildung und persönlicher Entwicklung, um die Fähigkeiten der Mitarbeiter zu stärken und ihre berufliche Zufriedenheit zu steigern.
5. Unternehmenskultur und Werte: Etablierung einer positiven Unternehmenskultur, die auf gemeinsamen Werten basiert und Mitarbeiter dazu motiviert, sich mit dem Unternehmen zu identifizieren.
6. Technologische Integration: Nutzung moderner Technologien zur Steigerung der Effizienz und Verbesserung der Geschäftsprozesse.
7. Work-Life-Balance: Anerkennung der Bedeutung einer ausgewogenen Work-Life-Balance, um die Lebensqualität der Mitarbeiter zu fördern und ihre Produktivität zu steigern.

Die Kombination dieser Faktoren schafft eine Umgebung, die Mitarbeiter motiviert, engagiert und bereit macht, zum Erfolg des Unternehmens beizutragen.

9.2 Christoph Beichelt: Mehr Initiative und Eigenverantwortung

Hintergrund

- Diplom-Ingenieur
- langjährige Führungs- und Managementlaufbahn bei internationalen Automobilzulieferern
- Mitglied der Geschäftsführung der Elastomer Solutions GmbH (Mutares SE&Co. KGaA)
- Berufseinstieg: 1999

Hat sich aus Ihrer Sicht das Verständnis von Führung über die Jahrzehnte geändert – wenn ja, wie?
Aus meiner Sicht hat die Coronapandemie hier den größten Ausschlag gegeben. Seitdem erfolgt Führung bei uns noch häufiger über digitale Medien, vor allem Videokonferenzen. Das kommt natürlich immer auch ein bisschen auf die Organisation an. Wir sind sehr dynamisch und haben Standorte auf verschiedenen Kontinenten, in die wir, je nach Kundenauftrag, Kapazitäten verlagern. Es ist unmöglich, in den Standorten immer vor Ort zu sein, jedenfalls wenn es schnell gehen muss. Insoweit ist die Videokonferenz bei uns Standard, um sich mit einem international verteilten Team auszutauschen. Daher will bei uns im Grunde niemand das alte Führungsmodell zurückhaben.

Natürlich gibt bei uns als Tier-1-Autozulieferer ein stark prozessorientiertes Arbeiten. Das hilft bei der Orientierung, viele Verantwortlichkeiten und Arbeitsschritte sind definiert.

Welche besondere Führungskrise haben Sie erlebt und wie haben Sie diese bewältigt?
Als ich vor drei Jahren zum Unternehmen kam, gab es viele Baustellen und die größte Baustelle war eine ausgeprägte Vertriebsschwäche: nicht die richtigen Leute, nicht die richtige Planung, nicht die richtige Organisation. Als Folge habe ich mich in diesen drei Jahren sehr stark um den Vertrieb gekümmert und habe die Technik richtig vernachlässigt, musste sie vernachlässigen. Ich habe mich zu Beginn gefragt: Welchen Ansatz braucht man eigentlich als Führung? Qualitäts- und Lieferprozesse sind ja vergleichsweise stark geregelt.

Welche Erkenntnis habe ich gewonnen? Ich stehe heute auf dem Standpunkt, dass es nicht meine Aufgabe ist, die eigene Truppe zu überzeugen oder zu etwas zu motivieren, sondern dass diese immanente Motivation die Grundvoraussetzung ist, um überhaupt bei uns arbeiten zu können. Wer bei uns keine Eigenmotivation mitbringt, ist fehl am Platz.

Deswegen bin ich auch kein Freund von Teambuildingmaßnahmen oder gemeinsamen größeren Events. Diese Maßnahmen kann man mal machen – vielleicht bei neuen großen Teams, in denen keiner sich kennt – aber nicht mit dem klassischen Motivationsanspruch. Der ist bei uns eine Grundvoraussetzung. Wenn man etwas trainieren muss, dann sollten das spezifische Managementfähigkeiten sein, in meinem Fall zum Beispiel Vertriebsstrategien oder -taktiken.

Mir ist klar, dass die starke Betonung des Vertriebs die Technikabteilung zurückgesetzt hat, doch der wirtschaftliche Erfolg gibt uns recht. Früher waren Vertrieb und Technik gleich wichtig. Doch jetzt liegt der Fokus absolut auf dem Vertrieb, die Technik ist eher Erfüllungsgehilfe. Es gibt für die Technikkollegen keine Innovation mehr ohne Marktimpuls. Das heißt, sie haben weniger Erfolgserlebnisse nach altem Muster, wenn sie nicht Eigeninitiative zeigen.

Ich unterscheide in einer Einheit die Key Player, die das Unternehmen aktiv am Laufen halten, von den Ressourcen, die nur Dienst nach Vorschrift ausführen. Wer also nicht aufpasst oder unglücklicherweise von einer größeren Umstrukturierung betroffen ist, wird zur Ressource. Und Ressourcen sind austauschbar. Natürlich, es gibt Leute mit mehr Erfahrung als andere, aber Ressourcen kann man am Ende international einkaufen. Wir haben beispielsweise einige eigene Standorte in Mid Cost Countries.

Die Key Player jedoch lassen sich nicht so einfach ersetzen. Auf die muss man bauen und die anderen ermuntern oder, wenn das nicht fruchtet, langfristig ersetzen. Der Prozess in meinem Bereich ist also noch nicht abgeschlossen, aber der Fokus ist klar.

Was haben Sie von Nachwuchskräften gelernt?
In den letzten Jahren auf jeden Fall: Digitalisierung! Das ist ein wichtiger neuer Impuls. Vor allem den Umgang mit digitalen Tools, vor allem Analysetools.

Junge Talente haben wohl schon immer neue Impulse eingebracht und Forderungen gestellt, mal mehr, mal weniger vehement. Inwieweit sollte eine Organisation auf diese eingehen?
Wenn wir Leute einstellen, dann ist ganz klar die Erwartungshaltung, dass wir von den neuen Leuten lernen. Die sollen weniger von uns lernen – natürlich schon die für unabdingbare Prozesse wichtigen Themen rund um unsere Produkte, aber im Kern wollen wir von denen lernen. Daher auch die Aufforderung, initiativ Veränderungen anzustoßen. Wenn bei uns aus dem Team ein guter Vorschlag kommt, der Sinn ergibt und auf den wir eingehen können, dann machen wir das auch. Das gilt vor allem für die Themen Digitalisierung und Prozessmanagement, aber auch für allgemeine Verbesserungen, da sind wir auf jeden Fall dabei. Wir haben also an junge Talente eher die Erwartung, dass sie uns ändern, als dass wir sie ändern – dass sie die schlechten Sachen zum Besseren ändern.

In der Tat rekrutieren wir Menschen, von denen wir sogar erwarten, dass sie uns etwas Neues bringen. Wir sind in Private-Equity-Hand, was bedeutet: besonders dynamisch. Natürlich sollen die Neuankömmlinge auch von uns etwas übernehmen, sie müssen sich in unseren Betrieb eingliedern, auch kulturell. Gleichwohl, wir freuen uns über Impulse und lassen diese auch zu.

Welche persönliche Stellungnahme, welches Anliegen zum Thema Führung liegt Ihnen am Herzen?
Was mich manchmal geradezu seltsam anmutet, ist, dass doch viele Leute, die ich in meiner Laufbahn kennengelernt habe und auch heute noch kenne, Führung und Vorgabe erwarten. Eine moderne Führung ist mit dieser Haltung nicht möglich. Diejenigen, die hier in Deutschland, also in einem Hochlohnland, ihren doch meist anspruchsvollen Job im Griff haben und die Veränderung wollen, müssen sich auch quasi selbst führen können. Und nicht immer nur abwarten, bis die vermeintliche Führungsperson – egal ob durch die Position oder die Persönlichkeit – für sie entscheidet. Also mein Appell an den Nachwuchs: mehr Initiative und Eigenverantwortung zeigen, nicht immer Lösungen von der Führungskraft erwarten!

9.3 Jean-Claude Biver: Zukunft sichern

Hintergrund

- Unternehmer
- langjährige Führungskarriere in der schweizerischen Luxusuhrenindustrie
- Mitgründer der High-End-Uhrenmarke BiveR (JC Biver SA)
- Berufseinstieg: 1975

Hat sich aus Ihrer Sicht das Verständnis von Führung über die Jahrzehnte geändert – wenn ja, wie?[147]
Was sich sicherlich verändert hat, ist das immer wichtigere und größer werdende Bedürfnis nach Bildung. Führungskräfte müssen heute ausgebildet sein.

Wobei: Kann man Führungsregeln ›aus dem Lehrbuch‹ überhaupt anwenden in der höchst speziellen Branche der Luxusuhren, die möglicherweise besondere Charaktere anzieht oder in der vielleicht eigene Regeln gelten?
Die Luxusindustrie wird an den meisten Stellen von denselben Regeln geführt wie irgendeine andere Industrie.

Sie sind vor allem als Genie und ›Feuerwehrmann‹ der Uhrenindustrie berühmt geworden. Sie haben die Marke Blancpain aus dem Dornröschenschlaf geweckt, als Unternehmer groß gemacht und mit immensem Gewinn verkauft. Sie haben als angestellter Chef von Omega, Hublot, TAG Heuer und Zenith diese Uhrenmarken dorthin gebracht, wo sie heute stehen. Kurz, Sie haben eine ganze Industrie über Jahrzehnte geprägt. Bis auf Ihre jüngsten Einsätze als Berater bei Norquain und in eigener Sache als Unternehmer und Etablisseur (wie Sie es nennen) von BiveR im absoluten High-End-Segment ging es

147 Das Interview wurde per E-Mail und teils auf Französisch geführt. Die Aussagen von Jean-Claude und Pierre Biver wurden entsprechend übertragen und lektoriert, woher auch die Zwischenfragen rühren.

wohl immer darum, Unternehmen oder Marken aus Schieflagen zu retten oder gar wiederzubeleben. Welche Führungskrise war ganz besonders und wie haben Sie diese bewältigt ...
Es gab nicht *die* eine Krise. Ich habe immer versucht, meine Marken mit Liebe, Respekt und Verständnis zu führen. Das sind für mich die Basiselemente, die man – egal bei welcher Marke – *immer* braucht.

... oder möchten Sie generell etwas zu Führungskrisen und ihrer Lösung sagen?
Die Führungskrisen entstehen meistens aus Mangel an Führung. Und besonders in der Markenwelt wegen Unverständnis und Nichtrespektieren der Werte der Marke.

Was haben Sie von Nachwuchskräften gelernt? In einem Gespräch mit einem englischen Journalisten sagten Sie beispielsweise einmal, dass Sie ohne eine junge und sehr hartnäckige Mitarbeiterin bei Omega nie nach Los Angeles gereist wären, um Omega in den James-Bond-Filmen zu etablieren ...
Ich habe von ihnen vor allem Innovationsfähigkeit, Mut und Risikofreude gelernt.

Junge Talente haben wohl schon immer neue Impulse eingebracht und Forderungen gestellt, mal mehr, mal weniger vehement. Inwieweit sollte eine Organisation auf diese eingehen?
Man sollte die Wichtigkeit dieser Elemente, dieser Impulse nie unterschätzen, weil sie uns das Erobern der Zukunft bringen. Und uns auch den *Weg* in die Zukunft zeigen.

Welche persönliche Stellungnahme, welches Anliegen zum Thema Führung liegt Ihnen am Herzen?
Das Wichtigste ist ganz klar für mich das Weitergeben und die sichere Nachfolge der Menschen in der Firma, die Zukunftssicherung der Firma insgesamt! Dies ist als Führungskraft sogar das Hauptthema und die wichtigste Rolle!

9.4 Pierre Biver: Der jungen Generation nicht nur zuhören, sondern vor allem von ihr lernen

Hintergrund

- Unternehmer
- Mitgründer der High-End-Uhrenmarke BiveR (JC Biver SA), Sohn von Jean-Claude Biver
- Berufseinstieg: 2020

Haben Sie sich als Vertreter der jungen Generation und Unternehmer in einer Person schon explizit mit dem Thema Führung auseinandergesetzt?
Ja, und ich habe die Ehre und das Glück, meinen Vater als Führungsperson zu haben. Durch die beruflichen und privaten Erfahrungen, die ich gemeinsam mit meinem Vater gemacht habe, hat sich die Rolle des Chefs immer mehr herauskristallisiert.

Was ist Ihre Erkenntnis?
Man muss sich immer Mühe geben, zuhören können, verstehen können und lernen können, bevor man urteilt. Das ist als junger Mensch die Conditio sine qua non.

Spielt Ihr Vater vielleicht eine Rolle als Vorbild oder gerade nicht?
Vorbild ist er mit Sicherheit und es ist ein Privileg, ihn als Vorbild zu haben. Er ist ein Vorbild für uns alle bei BiveR, auch wenn er bei Weitem nicht perfekt ist …

Den Aufbau der Uhrenmanufaktur BiveR kann man – trotz der Erfahrung Ihres Vaters – sicher als große Herausforderung betrachten. Mussten Sie in dieser Zeit bereits Krisen bewältigen und inwieweit hatten diese mit Führung zu tun …
Wir sind noch zu jung um, echte Krisen erlebt zu haben. Aber ich weiß, dass Krisen in Zukunft kommen werden. In persönlicher Hinsicht: Ja, mein Vater und ich mussten unseren Platz finden, und das braucht immer ein bisschen Zeit, viel guten Willen und eine große Portion Bescheidenheit.

… oder passiert Führung für Sie in diesem von Leidenschaft getriebenen Umfeld quasi von selbst, und eventuelle Probleme tauchen ganz woanders auf?
Im Moment werden wir von der Leidenschaft getrieben und das wollen wir schützen, pflegen und kultivieren. Mit meinem Vater und seiner Offenheit kommt die Führung sehr natürlich zum Ausdruck, da mein Vater immer darauf bedacht ist, uns mit seiner Präsenz nicht zu erdrücken und den Entscheidungsprozess zu teilen.

Sie sind Nachwuchsführungskraft oder, vielleicht treffender, Jungunternehmer. Gibt es etwas, das die älteren Mitarbeiter und Projektpartner von Ihnen gelernt haben?
Im Moment bin *ich* es, der noch viel lernen und viel zuhören muss. Grundsätzlich: Die neue Generation ist und repräsentiert die Zukunft und als solche ist sie überaus wichtig, hyper importANT. Man muss ihr nicht nur zuhören, sondern vor allem von ihr lernen.

9.5 Wilhelm Friedrich Boyens: Unternehmen können heute nur noch von Teams gemanagt werden

Hintergrund

- Mitglied der kaufmännischen und juristischen Leitung bei ERNO Raumfahrttechnik GmbH (Spacelab-Programm)
- ab 1980 für 30 Jahre angestellter Berater bei Egon Zehnder (danach Senior Adviser), davon zwölf Jahre als Deutschlandchef und zehn Jahre Mitglied der weltweiten Unternehmensleitung; Senior Adviser bei CVC und Cinven; Mitglied des Aufsichtsrats der Elbphilharmonie in Hamburg
- Berufseinstieg: 1974

Hat sich aus Ihrer Sicht das Verständnis von Führung über die Jahrzehnte geändert – wenn ja, wie?

Ich denke schon, dass sich das Verständnis von Führung geändert hat, entwickelt hat. Früher war Führung eigentlich eher bezogen auf eine einzelne Person. Da gab es die bestimmten Figuren. In der Nachkriegszeit waren dies große Unternehmer wie Max Grundig oder als Manager Berthold Beitz. Da war Führung fokussiert auf einzelne Personen. Das hat sich deutlich weiterentwickelt – weil a) die Welt und die Unternehmen viel komplexer geworden sind, sodass Unternehmen, mit Ausnahme vielleicht der klassischen mittelständischen Unternehmen, nicht mehr allein geführt werden können und b) der Anspruch der Menschen ein anderer geworden ist. Die Leute sind heute viel anspruchsvoller, die lassen sich nicht mehr so flott dirigieren oder durch die Büros scheuchen. Die wollen mitbestimmen, die wollen Freiräume haben, die wollen Verantwortung haben – wenn sie denn fähig sind, und das sollten führende Personen sein. Dann beanspruchen sie die erwähnte Handlungsfreiheit auch, sonst sind sie weg.

Das waren für mich als Personalberater übrigens die interessanten Leute – also diejenigen, die nicht wechseln mussten, die mir aber sagten: Ich habe in meinem Unternehmen nicht die Freiräume, die ich haben möchte, und deswegen bin ich bereit, über etwas zu reden.

Diese Komplexität ist für mich der Hauptfaktor, der zur Änderung des Führungsverständnisses geführt hat. Unternehmen können heute nur noch von Teams gemanagt werden. Und das ist ja dann auch die Kunst der Führung, dass man einander respektiert, dass man die Leistung des anderen anerkennt, dass man sein Ego nicht so sehr in den Mittelpunkt stellt. All diese Werte sollte man selbst gewissermaßen leben, aber es wird einem auch abverlangt. Wenn man das nicht leistet, scheitert man.

Das Arbeiten, und wir reden hier über Führungsstrukturen, ist heute geprägt durch eine sehr große Form der Selbstbestimmung und Kommunikation. Wenn man nun gewissermaßen in abgeschlossenen Räumen handelt, also sich etwa ins Homeoffice zurückzieht und das zur Methode erhebt – dann kann man das auf die Dauer nur für das untere und mittlere Management machen. Aber ganz oben spielt die persönliche Kommunikation, das Sich-Austauschen, das Diskutieren, das Sich-Auseinandersetzen in Konferenzen und Gemeinsame-Lösungen-Finden und so weiter nach wie vor eine extrem wichtige Rolle, wie ich glaube.

Im Übrigen glaube ich *nicht*, dass es hierarchiefreies Arbeiten gibt. Aber es ist anders bestimmt als noch vor 30 oder 50 Jahren. Früher ging Führung schlicht von der Position aus, die jemand innehatte. Dass gewissermaßen jemand die Befugnis hatte, etwas anzuordnen. Deswegen können Sie heute auch nur gewissermaßen hierarchisch agieren, wenn Sie überzeugen. Wenn Sie durch Ihre Persönlichkeit – auch durch Fachwissen, jedoch in der Führung primär durch Persönlichkeit – überzeugen. Und durch strategisches Vermögen. Was immer dann gefordert ist. Das kommt auch auf die Position an – für den Vorstandsvorsitzenden ist entscheidend, dass er ein Verständnis hat von vielen verschiedenen Themen, beim Fachvorstand für Vertrieb kommt es darauf an, dass er den Vertrieb insgesamt beherrscht. Insoweit hat sich das Hierarchische weiterentwickelt, ohne zu verschwinden. Es kommt darauf an, wie überzeugend ich selbst bin. Dann kann ich, gewissermaßen, andere führen.

Ich spreche übrigens aus eigener Erfahrung. Bei Egon Zehnder waren wir unter meiner Führung in Deutschland sehr schnell 13, 14 Partner. In bestimmter Form sind die ja gleichberechtigt. Trotzdem stand ich als Vorsitzender der Geschäftsführung gewissermaßen vorn. Es war mir immer klar: Ich kann nur führen, wenn ich selbst in meiner Arbeit überzeuge. Wenn ich also gewissermaßen so gut bin, dass die anderen sagen: Das, was er sagt, das lebt er auch – das sind keine hohlen Worte, keine selbst nicht erfüllten Ansprüche, sondern das leistet er. Deswegen lag mein Fokus immer auf der fachlichen Beratung und von dort aus konnte ich mit Überzeugung führen.

Welche besondere Führungskrise haben Sie erlebt und wie haben Sie diese bewältigt?
Hier kann ich Ihnen eine klare Antwort aus eigenem Erleben geben, weil ich diese Krise ganz persönlich erlebt habe bei Egon Zehnder. Im Jahr 1994 verloren wir ein Drittel aller Berater. In den Büros Düsseldorf oder Frankfurt waren plötzlich nur noch die Hälfte der Berater da. Die Umsätze stagnierten. Das lag daran, dass unser Modell gewissermaßen angezweifelt wurde. Da kamen Konkurrenten – unser schärfster Wettbewerber war damals Mülder – die boten unseren jüngeren Beratern Gehälter an, die wir unseren sogenannten Pre-Partners nicht bieten

konnten. Die verdienten dann bei Mülder plötzlich das Doppelte, das Dreifache. Bei uns verdiente man gut, aber als Berater noch ohne Partnerstatus war das Gehalt überschaubar. Wir hielten in diesem Jahr zwar den Umsatz, doch dann kam noch das Manager Magazin, und ich hatte das Vergnügen! Mit Bild von mir und Überschrift: »Bald in leeren Büros«! Das werde ich nicht vergessen.

So, und jetzt meine Aufgabe – das Hamburger Büro florierte par excellence, ich war sicher einer der zwei bis drei Berater in Deutschland, die den höchsten Umsatz machten. Aber das half nichts, ich war verantwortlich für die Lösung der Krisensituation. Mir war klar, dass diese Krise nur zu bewältigen ist, indem ich eine Mannschaft aufbaue, Schritt für Schritt, die dann wieder in der Lage ist, das Terrain zu erobern. Also nicht hektisch Leute irgendwo einkaufen oder auf schnelle mittelmäßige Lösungen setzen, sondern mit aller Konsequenz nach den Besten suchen und das Unternehmen wieder aufbauen. Das war uns gelungen, indem wir bis 1996 um die zehn Berater an Bord geholt hatten, die sich fantastisch entwickelt hatten und fast alle Partner wurden. Wenige Jahre später waren wir wieder an der Spitze. [Anmerkung des Autors: Das ist bis heute so geblieben.]

Am Anfang war die Erkenntnis: Du schaffst es nur mit den *besten* Leuten, du brauchst eine *Schar* von *guten* Leuten. Und das kannst du nicht allein machen. Ich musste meine Büroleiter darauf einschwören, dass man wirklich die besten Leute holt. Und ein Großteil der Aktion war: Kommunikation. Überzeugungsarbeit. Im Jahr 2000 meinte Jürgen Mülder zu mir: Also wie Sie das geschafft habe, meine Güte, Chapeau!

Außerdem hatten wir bei Egon Zehnder damals als Erste in Deutschland ein Instrument entwickelt, das Management Appraisal, zur Bewertung ganzer Führungsstrukturen, und dieses wurde vom Markt goutiert. Ich hatte ein enges Beratungsverhältnis mit manchem Topmanager und so haben wir von Egon Zehnder entsprechend große Appraisals durchgeführt.

Das brachte uns schon sehr bald 20 bis 30 Prozent unseres Umsatzes. Über diese Projekte wurde dann wiederum in den Medien geschrieben. Auch deshalb wurde gewissermaßen der Ruf wiederhergestellt.

Was haben Sie von Nachwuchskräften gelernt?
Ich beantworte das mal allgemein. Das Potenzial von Nachwuchskräften – also, die auf der zweiten, eher dritten, vierten Ebene sind – muss man erkennen. Und das tut man am besten damit, dass man sich immer wieder einen Blick verschafft, also ihnen die Möglichkeit gibt, dass sie einem nahekommen, Projekte leiten oder etwas vortragen, *Verantwortung* übernehmen. Und da trennt sich dann ja sehr schnell die Spreu vom Weizen.

Sich um den Nachwuchs kümmern ist mühsam und braucht Zeit, zumal für Vorstand oder Geschäftsführung, die Unternehmensspitze, ist das eine Herausforderung. Und mühsam können auch Nachwuchskräfte selbst sein. Die meisten Nachwuchskräfte sind unruhig und unbequem, suchen nach Verbesserungen und Potenzial, wollen weiterkommen. Und man muss sie dann machen lassen.

Junge Talente haben wohl schon immer neue Impulse eingebracht und Forderungen gestellt, mal mehr, mal weniger vehement. Inwieweit sollte eine Organisation auf diese eingehen?
Wer nicht auf berechtigte Forderungen eingeht, verliert diese dynamischen jungen Menschen. Gerade die guten Nachwuchs*führungs*kräfte sind unruhige Geister, sind schnell weg, wenn sie sich eingeengt fühlen.

Welche persönliche Stellungnahme, welches Anliegen zum Thema Führung liegt Ihnen am Herzen?
Also, ich wünschte mir, dass unsere Führungspersönlichkeiten in den großen Unternehmen, aber durchaus auch im Mittelstand ihre Funktion quasi als Vorbild, nicht nur im Unternehmen, sondern auch außerhalb des Unternehmens stärker wahrnähmen. Denn sie haben ja Einfluss.

Die Wirtschaft ist nun mal ein wesentlicher Bestandteil, gewissermaßen, unseres öffentlichen und privaten Lebens. Diese Leute stehen im Blickpunkt und sollten sich nicht beschränken auf ihre unternehmerische Tätigkeit. Diese Tätigkeit steht im Mittelpunkt, aber darüber hinaus sollten sie die Zeit finden, sich hier oder da, wo, gewissermaßen, auch ihr Anliegen sich befindet, zu engagieren, *stärker* zu engagieren.

Sonst überlassen sie im Zweifel anderen die Bühne. Auch zum Beispiel einseitig den Politikern, und die haben allemal nicht immer wirklich etwas zu sagen. Wenn ein Unternehmer oder Vorstandsvorsitzender, der dann möglichst auch erfolgreich ist, sich stärker in die Öffentlichkeit begäbe, das fände ich schon begrüßenswert. Wobei die Möglichkeiten für diese Topleute zum Teil auch beschränkt sind, weil sie sich als Typus oft nicht für diese Öffentlichkeitsarbeit eignen. Aber wer diese Wirkung auf die Öffentlichkeit, auf die Publizistik hat, der sollte sich schon stärker aus der Deckung begeben. Nicht ständig, denn Topleute haben ja dafür auch nicht die Zeit, aber eben wohldosiert.

9.6 Nils Bracker: Führung wieder mehr als Unternehmertum begreifen

Hintergrund

- Diplom-Kaufmann
- berufliche Laufbahn in einem Baustoffkonzern und im weltweit führenden Mittelstand
- im Jahr 2013 Eintritt in den Vorstand von Praezi-Stahl, einem international führenden Zulieferer der Metallindustrie, seit 2020 Führung des Unternehmens als CEO und Alleinvorstand
- Berufseinstieg: 2000

Als CEO, auch im Mittelstand und zumal im größeren, fliegt man zumeist sehr hoch. Sofern Sie das Gesamtbild einer Organisation in allen Facetten vor Augen haben: Hat sich aus Ihrer Sicht das Verständnis von Führung über die Jahrzehnte geändert – wenn ja, wie?
Ich lege Wert darauf, dass wir eine Organisation sind, in der alle Führungskräfte im positiven Sinn anfassbar und greifbar sind. Ich bekomme also einiges von der Grasnarbe mit, allerdings nicht im Sinne eines täglichen Einschaltens.

Ja, wie hat sich Führung verändert? Ich möchte zur Beantwortung der Frage auf meine Familiengeschichte zurückgreifen. Mein Vater war Unternehmer und führte einen spezialisierten Betrieb mit ungefähr 20 Leuten. Und da habe ich einiges mitbekommen, wenn ich in der Firma war oder auch wenn zu Hause gesprochen wurde. Mein Eindruck von damals – das liegt sicher 30, 40 Jahre zurück – ist, dass Führung zumeist eindimensional war. Da gab es eine Order und dann wurde die gemacht. Oder auch mal nicht. Wenn die nicht gemacht wurde, führte dies zur Unzufriedenheit des Chefs. Das war ganz einfach. Und da wurde auch auf sehr niedrigem Delegationsniveau geführt, das wurde nicht nur ein Ergebnis eingefordert, da wurde gesagt: »Du machst jetzt genau dies!« So funktionierte die Welt.

Irgendwann, im Laufe der Zeit, hat sich dieses Verständnis geändert. Wie genau das passiert, kann ich gar nicht sagen. Das ist ja nicht von heute auf morgen passiert. Begriffe wie Engagement, Empowerment oder Enablement gab es früher im Führungskontext nicht. Führung ist heute mehrdimensional geworden. Es wird viel stärker über das Ergebnis geführt, nicht über den Weg dorthin. Die Führungskraft hat heute ganz viele Anforderungen, die an sie gestellt werden, und zwar auch von den zu Führenden. Die sagen nämlich: »Wenn der mir keine Verantwortung gibt, wenn der mir nicht vertraut, dann habe ich keine Lust mehr!«

Es gibt sicher viele Treiber, aber ein relevanter Treiber ist, wie ich glaube, die sich verschiebende Macht auf dem Arbeitsmarkt. Das bedeutet, dass Hochqualifizierte sagen können: »Mache ich es nicht für dich, mache ich es für einen anderen! Wenn du nicht eingehst auf meine Belange, dann ziehe ich die Konsequenzen!«

Mitarbeitende haben heute mehr Freiheit, mehr Gestaltungsmöglichkeit. In Bezug auf die Nutzung ist bei uns ein Spektrum vorhanden. Der eine nutzt die Freiheit für sein persönliches Wellbeing und entwickelt sich meistens nicht weiter, während der andere dies als Möglichkeit zur Karriereentwicklung sieht. Und das ist auch ganz normal, man kann nicht alle über einen Kamm scheren.

Welche besondere Führungskrise haben Sie erlebt und wie haben Sie diese bewältigt?
Das Prägnanteste bis heute war sicherlich die Kulturveränderung nach meinem Antritt als CEO unseres Unternehmens. Im Vorstand war ich vorher schon ein paar wenige Jahre, kannte also die Verhältnisse etwas und besonders gut natürlich in meinem Ressort. Das Unternehmen war über Jahrzehnte patriarchalisch geprägt, sehr top-down, aber für die Belegschaft auch nicht kalkulierbar, wo es – sozusagen – mal einschlagen konnte. Das führte zu einem Ersticken des Engagements, es hat kaum einer etwas initiativ gemacht. Und das, was man hätte machen können, ist nur sehr schwer nach oben gekommen, als Entscheidungsgrundlage. Also im Grunde war die Kultur genau das Gegenteil dessen, was heute gefragt ist.

Wobei aber alles Vor- und Nachteile hat. Das alte System funktionierte in einer stabilen Welt sehr gut. Aber die Welt hat sich geändert, es gibt neue Wettbewerber, Importeure von Produkten aus China treten auf den Plan, plötzlich spielen die Entscheidungsgeschwindigkeit und auch die Umsetzungsgeschwindigkeit eine Rolle und so weiter. Und in dieser neuen Welt war das System gescheitert. Und das war auch für mich eine persönliche Krise, wie eine Schlinge um den Hals – einzusteigen und zu erleben, wie es nicht geht. Und sich dann als Verantwortlicher die Frage stellen zu müssen: Wie kommt man da raus?

Die Bewältigung dieser Krise bestand für mich im Aufbrechen des Systems. Im Prinzip musste man sich auch trennen von Führungskräften, die von und in diesem alten System geprägt worden waren und sich nicht ändern konnten oder wollten. Und das passiert nicht an einem Tag, diese Veränderung passiert nach und nach – Mobilisierung der Mannschaft durch Involvierung, Informierung durch Transparenz, Klarheit in den neuen Führungsprinzipien, diese ganze kulturelle Transformation, das dauert Jahre.

Heute reagieren wir anders auf Einschläge von außen, wir agieren auch anders, was unsere Potenziale und Möglichkeiten angeht. Wir sind viel dynamischer, kommen mit dem gesamten Team, um das Geschäftsmodell zu verfeinern und zu entwickeln.

Was haben Sie von Nachwuchs(führungs)kräften gelernt?
Junge Leute gehen befreit an Sachen heran, die haben erst einmal keine Denkverbote. Davon kann man schon etwas mitnehmen. Auch über die Work-Life-Thematik kann man mal nachdenken. Ich finde viele junge Leute überzeugend in ihren Ansprüchen, zumindest in der Tendenz, aber sich auch mal fragen: »Das Leben ist endlich – und mit wie vielem willst du dich denn aufreiben, überleg doch mal?« – das sollte man ab und zu mal machen. Als CEO ist man 24/7 unterwegs. Natürlich sitze ich nicht an jedem Wochenende im Büro und mache Ausfertigungen. Aber ich bin gedanklich eigentlich permanent im Unternehmen. Ich denke nach dem Aufstehen auch nicht lange darüber nach, welchen Kaffee ich denn zum Frühstück genießen möchte, sondern über irgendeine Thematik in der Firma. Das ist so. Das bringt die Position wahrscheinlich einfach mit sich. Und da ist es schon wichtig, sich zu sagen: Gönn dir jetzt auch mal was, ehe alles zu viel wird.

Zweitens, darüber braucht man fast nicht reden, der Umgang mit digitalen Tools. Die jungen Leute adaptieren diese ganz natürlich, die richten sich ihre Tools in ein paar Minuten selbst ein und nutzen diese auch zur Führung. Das bringt einen Benefit, von dem man sich ein bisschen was abschneiden kann.

Junge Talente haben wohl schon immer neue Impulse eingebracht und Forderungen gestellt, mal mehr, mal weniger vehement. Inwieweit sollte eine Organisation auf diese eingehen?
Ganz grundsätzlich bin ich nicht der Meinung, dass ein Unternehmen zwangsläufig auf jede neue Sau eingehen muss, die sprichwörtlich durchs Dorf getrieben wird, um es mal rustikal zu sagen. Eine Führungskraft – und da liegt vielleicht eine ganz neue Herausforderung – muss auch in der neuen Arbeitswelt in der Lage sein, »Nein« zu sagen.

Der Gradmesser ist für mich der Sinn des Unternehmens. Ein Unternehmen ist dazu da, Wert zu schaffen, Gewinn zu generieren, Wachstum zu generieren.

So. Und dann gibt es noch Nebenziele wie etwa eine gewisse gesellschaftliche Verantwortung. Aber ein Unternehmen ist für mich zunächst einmal eine Wirtschaftseinheit. Und in diesem Kontext ordne ich alle Wünsche, die an einen herangetragen werden, ein.

Wenn jemand kommt und sagt zum Beispiel: »Wir wollen gerne Business Bikes haben«, dann frage ich nur: »Wozu?« Und wenn er oder sie dann sagt: »Wir halten und begeistern damit unsere Mitarbeiter«, dann sage ich: »Okay, Motivation und Begeisterung für das Unternehmen – darüber kann man diskutieren!« Wenn jemand aber sagt: »Wir müssen das machen, weil das gerade ›in‹ ist«, dann sage ich: »Nein!« Ich frage mich immer, ob eine gewünschte Änderung das Potenzial hat, den Unternehmenswert zu entwickeln. Wenn mir die Belegschaft pauschal die 4-Tage-Woche anträgt und mir plausibel erklären kann, wie das den Unternehmenswert steigert, dann würde ich ins Nachdenken kommen.

Welche persönliche Stellungnahme, welches Anliegen zum Thema Führung liegt Ihnen am Herzen?
Mein Anliegen wäre, dass wir Führung wieder mehr als Unternehmertum begreifen und ins Zentrum der Gedanken stecken, als Ausgangspunkt aller weiterer Überlegungen. Danach kann man alles diskutieren. Aber Themen wie zukünftige Wettbewerbsfähigkeit, Wachstum oder Innovation – die müssen wir allem voranstellen. Und wenn diese Grundprinzipien des Wirtschaftens gesetzt sind, dann können wir über alles Weitere reden. Dann können wir auch darüber reden, wie wir das Bärenfell verteilen. Aber wir brauchen erst einmal das Bärenfell – hinter diesem müssen wir her sein! Zumindest in größeren Organisationen ergeben sich dabei Zentrifugalkräfte, und die muss man ausrichten. Daher ist es wichtig zu kommunizieren, wohin es gehen soll und wie man es umsetzen will.

9.7 Lisa Rosa Bräutigam: Für die hybride Transformation gibt es keine Blaupause

Hintergrund

- ehemalige Konrektorin einer Grundschule
- Unternehmerin und Gründerin von nuwo, einem Vermieter von Büromöbeln, insbesondere für mobiles Arbeiten
- Berufseinstieg (Referendariat): 2013

Ich gehe davon aus, Sie haben geschäftlich mit vielen Personen zu tun, die nicht Ihrer Generation Y angehören. Hat sich aus Ihrer Sicht das Verständnis von Führung über die Zeit geändert – wenn ja, wie?
Wir sind seit drei Jahren im Austausch mit Konzernen und dem Mittelstand, auch zu den Fragen der Führung. Wir sehen, dass durch die Covid-19-Pandemie Veränderungsprozesse angestoßen wurden – bedingt eben durch den Heimarbeitstwist. Es gab schon vorher Bestrebungen, New-Work-Prozesse in Unternehmen zu etablieren, aber Covid 19 war ganz klar der Katalysator, flexibles Arbeiten flächendeckend weiter zu etablieren. Und das hat unser Verständnis von Führung zwangsläufig verändert. Zumindest aus den Gesprächen mit unseren Kunden kann ich herleiten, dass früher sehr viel mehr Wert auf Führung in Präsenz und damit Kontrolle gelegt wurde. Denn so wurde eben lange Zeit geführt.

Mit Covid 19 ist dieses Verständnis komplett infrage gestellt worden. Früher ist die Arbeitsleistung sehr stark an den Arbeitsort geknüpft worden: Wer nicht da ist, arbeitet nicht – diese Sicht hat mit der Covid-19-Pandemie geclasht. Und ich glaube, dass viele Führungskräfte zu Beginn der Pandemie unter diesem Kontrollverlust gelitten haben. Angst machte sich breit: Ich sehe keinen meiner Mitarbeitenden mehr und kann nicht mehr eingreifen. Dass es dann trotzdem funktioniert hat, war für viele – glaube ich – überraschend. Selbst von vielen Mittelständlern mit einer traditionellen Fokussierung auf das Office hörten wir: Die Produktivität ist hochgegangen! Und das war vorher in den Köpfen der Führungsebene unvorstellbar.

Mit Covid 19 wurden nicht nur neue digitale Tools und Arbeitsweisen eingeführt, sondern eine andere Art zu führen hat Einzug erhalten. Wir sind noch nicht am Ende dieser Entwicklung, denn viele Unternehmen möchten nach der Pandemie ihre Leute wieder Vollzeit zurück ins Büro holen oder setzen in ihrer Kultur generell darauf, dass ihre Mitarbeitenden vor Ort arbeiten. Es herrscht noch immer bei vielen Führungskräften eine große Unsicherheit: Wie kann ich eine echte Verbindung zum Mitarbeitenden nur über den Computerbildschirm aufbauen? Wie kann ich meine Teams erfolgreich hybrid führen?

Ich denke, viele Führungskräfte spüren, da gibt es einen Raum, der noch zu füllen ist. Vielen ist bewusst, dass es eine neue Art zu führen geben muss. Aber ich glaube trotzdem, dass viele noch nicht so weit sind, dass sie wirklich sagen würden: Ich fühle mich damit zu 100 Prozent sicher.

Dafür müssen immer noch etliche Prozesse von Grund auf neu gedacht werden, auch Arbeitsweisen müssen an den Arbeitsraum angepasst werden. Ich kann nicht einfach alte Strukturen ohne Weiteres in die hybride Welt übertragen. Ich muss mir ganz genau überlegen: Welche Dinge funktionieren am Computerbildschirm, also im digitalen Teil der hybriden Welt, was kann ich eigenverantwortlich zu Hause erledigen und welche Dinge benötigen immer noch die soziale Interaktion im Büro? (...)

Dieser Change muss strategisch gedacht werden. Da braucht es Führungskräfte, die das aktiv in die Hand nehmen, die nicht einfach sagen: Wir lassen das mal so laufen und schauen, wie es funktioniert – sondern Führungskräfte, die sich aktiv auf den Weg machen und sich dann, im besten Fall gemeinsam mit ihren Teams, überlegen: Wie wollen wir in Zukunft arbeiten? Und die dann dafür eine Strategie entwickeln, denn für die hybride Transformation gibt es keine Blaupause. Das kommt sehr individuell auf das Unternehmen an.

Die große neue Anforderung an die Führung daher: Vertrauen! Du musst deinem Team im hybriden Arbeiten Vertrauen schenken!

Welche besondere Führungskrise haben Sie in Ihrem noch jungen Unternehmen erlebt und wie haben Sie diese bewältigt?
Da kann ich etwas aus meinem persönlichen Erfahrungsschatz beisteuern. In der Gründungsphase habe ich bei Menschen viel stärker auf das Skillset statt auf das Mindset geachtet. Daraus entstand eines der größten Learnings, die ich bisher verinnerlichen durfte.

Bei einem Start-up ist es – wie bei jedem Unternehmen – von großer Relevanz, wie du in Krisen agierst und das hat nichts mit Fachkompetenz zu tun, sondern mit Mindset. Wie reagierst du, wenn du Fehler machst, wenn sich Krisen auftun, wenn du ein ›Nein‹ erfährst. Bist du dann eher konstruktiv und schaust: Was lerne ich daraus? Was kann ich mitnehmen für zukünftige Entscheidungen? Bringt mich das weiter? Oder gehe ich destruktiv heran und suche denjenigen, der den Fehler vermeintlich begangen hat? In Führungsfragen ist es unglaublich wichtig, welche Fehlerkultur gefördert wird und das wiederum ist grundlegend für Change-Prozesse, die Neuland sind und damit zwangsläufig zu Fehlern und Umwegen führen. (…)

Es ist essenziell wichtig, dass eine Führungskraft auch einmal Fehler auf sich nimmt, sich also vor das eigene Team stellt und die Bereitschaft mitbringt, sich Erfolge nicht auf die eigene Karte zu schreiben, sondern als Team Erfolge zu sehen und zu feiern. Man muss sein Team zu Erfolgserlebnissen führen können. (…)

Es geht bei der Führung nicht um die Führungskraft in dem Sinne, dass sie selbst am besten dasteht. Aufbruchsstimmung zu erzeugen, das ist in der Führung wichtig! Du musst Leute ›enablen‹, du musst ihnen Erfolgserlebnisse ermöglichen. Diese Erfahrungen habe ich vielleicht aus meiner Zeit als Lehrerin, also aus der Schule, mitgenommen. Da geht es auch nicht um die Lehrkraft, sondern es geht darum, die Schülerinnen und Schüler zum Erfolg zu führen. (…)

Du brauchst die Bereitschaft, dich immer weiterentwickeln zu wollen. Wenn du so und so viel Prozent eines Skills mitbringst und du merkst, das reicht nicht, dann musst du dazulernen. Wer das nicht macht, nicht an sich arbeitet, ist wahrscheinlich auch keine gute Gründerin oder guter Gründer. Das aber ist Mindset. Noch mal, die Skills kannst du dir aneignen auf dem Weg, aber dein Mindset ist relevant.

Was haben Sie von Nachwuchs(führungs)kräften gelernt?
Ich glaube, es ist wirklich so, dass die junge Generation sehr stark auf Purpose schaut. Die fragen sich: Können sie sich mit der Unternehmensmission identifizieren und möchten sie diese vorantreiben? Wir haben jüngere Personen im Team, wir sind heute 15 Leute, und ich spüre, dass allesamt eine ganz starke intrinsische Motivation mitbringen, unsere Mission voranzutreiben. Und das finde ich stark!

Es ist ein großartiges Gefühl, wenn man das eigene Feuer weitergeben kann. Ich bin dafür sehr dankbar, dass wir so viele Menschen im Team haben, die an unsere Mission glauben.

Junge Talente haben wohl schon immer neue Impulse eingebracht und Forderungen gestellt, mal mehr, mal weniger vehement. Inwieweit sollte eine Organisation auf diese eingehen?
Also ich muss dazu sagen: Wir sind ein kleines agiles Team und wir haben im Hiring-Prozess sehr stark darauf geachtet, wie es um Kultur und Mindset der Personen bestellt ist. Mir hat einmal jemand als Tipp mitgegeben: Würdest du mit dieser Person eine Woche auf einem Segelboot verbringen wollen? Wie zuvor bereits erwähnt, haben wir sehr schnell immer stärker nach der kulturellen Passung bei unseren Neuzugängen geschaut. Man muss schon sagen: Die ersten Mitarbeitenden tragen die Organisation, bilden die Kultur und formen damit auch dein Unternehmen. Also achten wir sehr stark auf das Mindset.

Natürlich merken wir – wie wahrscheinlich Unternehmen aller Größe –, dass im Interview teilweise eine gewisse Anspruchshaltung an den Tag gelegt wird. Nicht mehr so sehr: Was bringe ich für dich mit? Sondern eher: Was kannst du mir denn bieten? Und da muss man dann aufpassen, inwieweit so eine Person zu einem passt. Gerade im Early-Stage-Bereich eines Unternehmens. Da braucht es Personen, die hands-on sind. Die nicht sagen: Genau das ist mein Aufgabenbereich und nichts weiter, die anderen Teammitglieder und deren Anliegen interessieren mich nicht. Sondern wir haben sehr stark darauf geachtet, dass wir engagierte Leute haben. Wir geben ihnen dafür das nötige Vertrauen und die Verantwortung für das, was sie tun.

Ich glaube, das ist etwas, das Talente hält: Wenn sie spüren, ich werde gesehen und ich kann mein Kompetenzprofil kontinuierlich weiterentwickeln. Also haben wir besonders darauf geachtet, Personen zu finden, die bereit sind für kaltes Wasser. Wir achten im Hiring-Prozess sehr genau darauf und ich hatte manches Mal das Gefühl, dass jemand Ansprüche hatte, die wir als junges Unternehmen nicht erfüllen konnten oder wollten. Und dann muss man eben transparent sagen: Das funktioniert nicht mit uns zusammen. (…)

Welche persönliche Stellungnahme, welches Anliegen zum Thema Führung liegt Ihnen am Herzen?
Das Thema Kommunikation! Wir befinden uns inmitten zahlreicher Change-Prozesse in den Bereichen der Digitalisierung, Nachhaltigkeit oder bei der bereits erwähnten Frage, wie wir in Zukunft arbeiten. Das sind alles Prozesse, die für Organisationen eine Erschütterung bedeuten. Weil Prozesse und auch Führungsstrategien, die teils jahrzehntelang so vonstattengingen, von einem auf den

anderen Tag hinterfragt werden … und vielleicht auch falsch werden. Wie gesagt, Change-Prozesse sind niemals Selbstläufer! Wenn diese Prozesse nicht von allen Mitgliedern einer Organisation mitgetragen werden, funktioniert es nicht. Menschen mit durch eine Veränderung zu nehmen, kann nur durch eine transparente und offene Kommunikation gelingen.

Ich erlebe vielerorts, wie Unternehmen versuchen, ihre Mitarbeitenden nach der Pandemie ohne große Worte zurück ins Büro zu beordern. Ein solches Vorgehen wird ausnahmslos als Vertrauensbruch empfunden. Es muss insgesamt sehr viel stärker auf Augenhöhe kommuniziert werden und nicht top-down. Darüber sind wir hinaus, und das wird auch nicht mehr funktionieren. Wir haben einen Arbeitnehmermarkt. Viele Mitarbeitende haben in den letzten Jahren gezeigt, dass sie auch remote Verantwortung übernehmen können, und Eigenverantwortung ist doch etwas sehr Schönes. Mein Tipp also lautet, sich den Change-Prozessen strategisch zu stellen und diese anzugehen, mit der richtigen Kommunikation.

9.8 Valeria Gargiulo: Man darf Menschen in Krisenphasen nicht sich selbst überlassen

Hintergrund

- Volljuristin (Universidad de Buenos Aires) mit MBA-Abschluss (University of Wales)
- langjährige Fach- und Führungskarriere in einem internationalen Konzern mit Hauptsitz in Deutschland, seit Mai 2023 zur Vorständin für Personal und Nachhaltigkeit sowie zur Arbeitsdirektorin der KION Group AG bestellt
- Berufseinstieg: 1997

Hat sich aus Ihrer Sicht das Verständnis von Führung über die Jahrzehnte geändert – wenn ja, wie?

Früher war das Verständnis: Eine gute Führungskraft ist eine fachliche Koryphäe, die alles weiß und auch wissen muss. Die Realität zeigt uns heute aber, dass sich die Welt extrem schnell verändert. Alles ist so dynamisch, dass eine einzelne Person – schlichtweg aufgrund der Fülle der Informationen – nicht mehr die alleinige Wissenshoheit haben kann. Es hat also eine Transformation über die Generationen hinweg eingesetzt, und sie ist noch nicht abgeschlossen.

Ich bin davon überzeugt, dass Führungskräfte mit dem erwähnten traditionellen Verständnis neue Verhaltensmuster erlernen müssen, wenn sie erfolgreich sein wollen.

Wir gehen vom Command-and-Control-Modell in ein deutlich kollaborativeres und kommunikativeres Arbeiten über – in das Empowerment-Modell. Führung muss heute Befähigung bedeuten, um den modernen Business-Anforderungen gerecht zu werden. Letztlich reden wir über die Entwicklung von Management zu Leadership.

Welche besondere Führungskrise haben Sie erlebt und wie haben Sie diese bewältigt?
Tatsächlich liegt das prägendste Ereignis viele Jahre zurück, ich war damals in Führungsfragen noch eher unerfahren. Dann hatte ich ein Team in einer multiplen Krisenlage übernommen: Prozesslandschaft, Systemlandschaft, Verständnis für das globale Geschäft – sehr viele Baustellen. Wir waren mit dem Team in das Auge des Sturms geraten und mussten massiven Druck von verschiedenen Stakeholdern aushalten. Diese Situation hatte das Team natürlich emotional beeinträchtigt. Die Krisenphase dauerte zwei Jahre, und der Erfolg war keineswegs ausgemacht.

Was hat in dieser Zeit für mich funktioniert?

Erstens: Kommunizieren mit dem Team, auch wenn man keine bahnbrechenden Neuigkeiten hat. Es geht darum, Gesicht zu zeigen. Man muss die Menschen motivieren und eng begleiten und darf sie in Krisenphasen nicht sich selbst überlassen.

Zweitens: Offen kommunizieren, warum man welche Entscheidung getroffen hat und dass man sich vielleicht nicht sicher ist, ob es die richtige war. Transparenz ist hier das Stichwort.

Drittens: Zuhören und regelmäßig Feedback einholen, um den Kompass für den weiteren Weg zu haben.

Damals habe ich übrigens viel über Stakeholder-Management gelernt. Man muss als Führungskraft immer alle Gruppen und ihre Interessen im Auge haben. Nur wer die Ziele und Befindlichkeiten kennt, kann Motivation freisetzen!

Über mich selbst habe ich gelernt, dass es eher Vorteile hat, wenn man nicht mit der Brechstange in ein Meeting oder sogar einen Konflikt geht, sondern erst einmal versucht, Brücken zu bauen. Früher dachte ich, vielleicht fehlt mir die klare Kante ein wenig. Heute denke ich: Nein, die Fähigkeit, Brücken bauen zu können, ist eine Superpower! Auf meine persönliche Art finde ich mit den Stakeholdern so den gangbaren Weg. Und die Erfahrung zeigt, dass gemeinsame Wege am Ende doch effektiver sind als Alleingänge.

Was haben Sie von Nachwuchskräften gelernt?
Eine agile und gemeinsame, auch kompetenzübergreifende Herangehensweise an Problemlösungen schon zum Start eines Projekts! Und dies auch systematisch

zu betreiben – das ist für die jüngeren Generationen ein No-Brainer, die kennen das gar nicht anders. Natürlich habe auch ich immer schon kooperativ gearbeitet. Aber dass es auch anders geht, als eine Lösung erst allein zu durchdenken und die eigene Expertise sehr tief einfließen zu lassen, um dann erst zu verproben … das war meine Lernkurve mit eher jüngeren Kolleginnen und Kollegen.

Ich fand es mutig, zum frühestmöglichen Zeitpunkt, also wirklich von Anfang an die Köpfe zusammenzustecken, verschiedene Perspektiven einzunehmen und die unterschiedlichen Erfahrungen einfließen zu lassen – insbesondere wenn es um Innovationen geht. Und im nächsten Schritt nicht wenigstens die annähernd perfekte Lösung zu präsentieren, sondern das Minimum Viable Product! Etwas, das mir damals Mut abverlangte, ist für viele junge Leute ganz normal.

Diese beschriebene Herangehensweise als Norm anzunehmen war für mich nicht unbedingt ein einfacher Prozess. Aber für diese Erfahrung bin ich sehr dankbar, denn diese Art zu arbeiten hat viel mehr Vorteile als Nachteile, insbesondere wenn es um Innovationen geht.

Junge Talente haben wohl schon immer neue Impulse eingebracht und Forderungen gestellt, mal mehr, mal weniger vehement. Inwieweit sollte eine Organisation auf diese eingehen?
Der Kampf um den Nachwuchs ist gnadenlos. Wenn wir nicht grundsätzlich auf die Wünsche von jungen Menschen eingehen, kommen sie nicht oder gehen weg. Es führt kein Weg daran vorbei, dass wir a) zuhören, dass wir b) analysieren und dass wir c) Antworten auf die dringlichsten Bedürfnisse der Nachwuchskräfte finden.

Als KION Group – und damit als eine Vielzahl von produzierenden Unternehmen und Produktionsstätten auf der ganzen Welt – stehen wir jedoch vor besonderen Herausforderungen. So haben wir mindestens zwei Arbeitswelten, die man nicht immer vereinheitlichen kann, nämlich die Produktion und das Büro. Selbst die Produktion kann ich nochmals unterteilen in die Fertigung am Produktionsstandort und in die Endmontage beim Kunden vor Ort im Projektgeschäft. Und den Serviceaußendienst dürfen wir auch nicht vergessen.

Aufgrund dieser Aufstellung und der Natur der unterschiedlichen Rollen können wir nicht allen unsere Mitarbeitenden genau gleiche Lösungen anbieten, wie etwa beim Arbeiten von zu Hause oder bezüglich Arbeitszeiten. Aber wir ermöglichen sehr viel.

Dabei ist mir wichtig festzuhalten, dass wir bei der KION Group versuchen, proaktiv einen unternehmensweiten gemeinsamen Weg zu gehen, indem wir die Bedürfnisse der Belegschaft mit den Anforderungen der Rollen in die Balance bringen und nicht »Subwelten« kreieren. Sicher ist, dass der Wandel nur gelingen kann, wenn die verschiedenen Generationen, Jung und Alt, ihre gegenseitigen Vorbehalte abbauen. Auch hier spielt die Führungskraft eine wichtige Rolle.

Welche persönliche Stellungnahme, welches Anliegen zum Thema Führung liegt Ihnen am Herzen?
Führung heißt für mich Verantwortung – nicht an erster Stelle für die Ergebnisse, sondern für diejenigen, die die Ergebnisse erbringen.

9.9 Viviana Mehlan: Die Fachkompetenz von der Personalverantwortung entkoppeln

Hintergrund

- Diplom-Betriebswirtin
- erste Führungskarriere im Textileinzelhandel (Ansons KG Düsseldorf und Köln)
- Prokuristin Caritas Dienstleistungsbetriebe GmbH (Inklusionsbetrieb und 100%ige Tochter des Caritasverbands Dortmund e.V.), Leiterin Organisations- und Kulturentwicklung beim Caritasverband Dortmund e.V. (größter Ortscaritasverband Deutschlands)
- Berufseinstieg: 1998

Hat sich aus Ihrer Sicht das Verständnis von Führung über die Jahrzehnte geändert – wenn ja, wie?
Zunächst: Ich habe lange in der freien Wirtschaft gearbeitet und arbeite seit einigen Jahren im Non-Profit-Sektor. Und ich glaube, dass in beiden Sektoren die Herausforderungen die gleichen sind, mit denen sich die Führungskräfte beschäftigen müssen, mit denen sich die Spitzen von Organisationen beschäftigen müssen. Ganz gravierend: der Fachkräftemangel. Und der hat sicherlich den Non-Profit-Bereich als Erstes erreicht, vor allem in der Pflege war es am ehesten und am deutlichsten zu spüren. Und dieser Mangel ist jetzt hochgespült worden in die Ränge der sehr gut ausgebildeten Kräfte und andererseits betrifft er inzwischen auch die angelernten Kräfte. Die Non-Profit-Organisationen waren sicher auch die ersten, die den Druck hatten, überhaupt ihre Dienste aufrechterhalten zu können, also die Menschen betreuen zu können, die ihnen anvertraut sind. Das bedeutet, dass die Führungskräfte ihre Mitarbeitenden so behandeln müssen, dass sie weiterhin an Bord bleiben.

Und von daher findet Führung, wie ich meine, an vielen Stellen auf emotionaler Ebene statt. Und viel weniger auf der Ebene – ich glaube, die wir auch schon lange hinter uns gelassen haben – von Gehorsam und »Mein Boss hat das Sagen«. Die ganze Funktion von Führung liegt inzwischen deutlich stärker im Bereich der

Emotionen – dafür zu sorgen, dass sich Mitarbeitende in einem Unternehmen wohlfühlen.

Welche besondere Führungskrise haben Sie erlebt und wie haben Sie diese bewältigt?
Es gibt schon ganz allgemein eine Führungskrise, sicher nicht nur im Non-Profit-Sektor, weil es immer schwieriger wird, Führungskräfte zu finden. Auch in dieser Hinsicht sind die nachwachsenden Generationen deutlich weniger motiviert, als es die Generationen davor gewesen sind. Das merken wir ganz eindeutig. Wir kämpfen jetzt schon damit, überhaupt Führungskräfte zu finden. Und dann heißt es – in meinem Fall besonders im Dienstleistungsbereich Inklusion, aber ich denke, das ist in anderen Bereichen genauso –, dass die Führungskraft der Coach ist und die Mitarbeitenden befähigt und sich möglichst überflüssig macht. Trotz allem merkt man einfach im täglichen Leben, dass Führungskräfte alles andere als überflüssig sein können. Es braucht weiterhin Führung, nur eben doch auf einem anderen Weg.

Bei uns ist dazu jetzt ein Lösungsansatz ausprobiert worden – den ich sehr interessant finde –, indem man die Fachkompetenz entkoppelt hat von der Personalverantwortung. Einer hat die fachliche Expertise und ist Führungskraft, um als kompetenter Ansprechpartner zur Verfügung zu stehen und die fachlichen Dinge gut mit den Mitarbeitenden besprechen zu können. Und auf der anderen Seite gibt es jemanden, der die fachliche Expertise nicht so ausgeprägt hat, aber dafür ein gutes Gespür für den Menschen hat, und der dann auch die Mitarbeitendengespräche führt – natürlich in enger Abstimmung mit demjenigen, der die Fachkompetenz hat.

Ob das dauerhaft tragen wird? Wir überlegen, das Konzept in andere Bereiche auszudehnen – aus der Erkenntnis heraus, dass derjenige, der fachlich am besten weiß, was getan werden muss, nicht unbedingt mit den Menschen am besten umgehen kann. Und genau darum geht es ja heute: Menschen mitzunehmen, Menschen zu begeistern und damit letztendlich zu binden. Und daher haben wir gesagt: Das muss nicht eine Person machen, sondern es ist schon möglich, das auf zwei Köpfe zu verteilen. Aber ich kann noch nicht sagen, ob das ein Ansatz ist, der als Blaupause dient, dazu ist es noch zu früh.

Was haben Sie von Nachwuchs(führungs)kräften gelernt?
Unbedingt habe ich etwas gelernt! Ich würde sagen, ich komme noch aus der Leistungsgeneration, also der Generation mit der Identifikation über den Beruf, auch mit dem Wunsch, schnell wieder in den Beruf einzusteigen nach der Familienphase – und ich habe das Gefühl, dass dies in der nachwachsenden Generation nicht mehr so ist. Sondern dass sie stark den Fokus auch auf ihr soziales Leben legen, auf die Freizeitgestaltung. Meine Hoffnung wäre, dass es in dieser Generation deutlich weniger zu Burn-out-Situationen kommt oder frühzeitiger

Verrentung oder Ähnlichem, weil man vorher nicht auf sich aufgepasst hat. Ich glaube, da hat die nachwachsende Generation einfach den besseren Fokus.

Junge Talente haben wohl schon immer neue Impulse eingebracht und Forderungen gestellt, mal mehr, mal weniger vehement. Inwieweit sollte eine Organisation auf diese eingehen?
Grundsätzlich ist das eine Haltungsfrage. Dazu gehört schon auch in einem größeren Unternehmen, in dem ich Führungsverantwortung habe, dafür zu sorgen, dass nicht Mitarbeiter mit völlig unterschiedlichen Arbeitszeiten und zu völlig unterschiedlichen Konditionen eingestellt werden. Wir haben beispielsweise ein Tarifwerk, innerhalb dessen wir uns bewegen – müssen und wollen. Wer dann der Meinung ist, dass ihm das zu wenig ist und dass er bei einem anderen Träger oder in der freien Wirtschaft mehr verdient und es rein um das Thema Vergütung geht ... da lassen wir uns nicht erpressen. Weil wir einfach der Meinung sind, dass es dem Gesamtgefüge nicht guttut, dass jemand vielleicht 25 Prozent mehr verdient für die gleiche Tätigkeit oder vielleicht sogar mit geringerer Erfahrung.

Und unser Tarifwerk lässt uns viele Möglichkeiten – wir haben Leistungen, die es in Teilen der freien Wirtschaft überhaupt nicht gibt. Dass beispielsweise Leute, die in der Langzeiterkrankung sind, Zuschüsse bekommen zu ihrem Krankengeld. Das sind Leistungen, von denen wir natürlich hoffen, dass unsere Mitarbeitenden sie nie in Anspruch nehmen müssen, doch sie geben eine gewisse Sicherheit. Darüber hinaus bieten wir einiges im Bereich Wiedereinstieg oder Familienpflegezeiten und so weiter. Wir versuchen, vieles möglich zu machen, auch innerhalb der regulären Dienste. Unsere Teams vor Ort stützen sehr viel, wo es persönlich erforderlich ist.

Und da bin ich der Meinung, dass man als Arbeitnehmer entscheiden muss, was einem wichtiger ist.

Welche persönliche Stellungnahme, welches Anliegen zum Thema Führung liegt Ihnen am Herzen?
Wie erwähnt, Führung findet heute hauptsächlich auf der emotionalen Ebene statt. Es ist die Aufgabe der Führungskraft, für ein gutes Miteinander zu sorgen, ohne natürlich den Leistungsgedanken außen vor zu lassen. Auch Konflikte wird es weiter geben, aber auch die zahlen ja langfristig auf eine gute Zusammenarbeit ein.

9.10 Dr. Meike Schäffler: Führung ist etwas, das von beiden Seiten funktionieren muss

Hintergrund

- Diplom-Mathematikerin

- Berufseinstieg in der IT-Unternehmensberatung, danach langjährige Führungskarriere in der Technologie- und Automobilzulieferindustrie
- seit Oktober 2015 Vorständin der Westfalen AG für die Ressorts Produktion, IT, Umweltmanagement und Innovation
- Berufseinstieg: 1997

Hat sich aus Ihrer Sicht das Verständnis von Führung über die Jahrzehnte geändert – wenn ja, wie?
Ich glaube, dass sich einiges verändert. Ich möchte es mal an zwei Beispielen festmachen. Zum einen reden wir viel über das ganze Thema New Work und das hat natürlich auch Einfluss auf Führung. Als ich meine erste größere Führungsposition eingenommen hatte – das war um 2003 –, da saß man als Führungskraft noch in der fünften Etage des Gebäudes mit Vorzimmer und Sekretärin. Ich fand das schon damals eher befremdlich, da ich aus der Beratung kam und man das dort gar nicht kannte, ich war quasi im Großraumbüro sozialisiert. Und dieses klassische Ambiente hat sich völlig geändert. In tradierten Familienunternehmen, zu denen wir ja auch gehören, haben wir schon noch Vorstandsbüros, aber wir als Vorstände sind doch viel integrierter und alles findet viel stärker auf Augenhöhe statt.

Ich sage mal: Egal welches, ein typisches Familienunternehmen, zumal wenn es eine sehr lange Erfolgsgeschichte hat, ist keine basisdemokratische Veranstaltung, sondern das ist eigentlich sehr hierarchisch, vielleicht ein Stück weit autoritär, und das ist sehr zentriert in Richtung Familienoberhaupt. Der Erfolg gibt dem Inhaber Recht, und wenn er an Externe übergibt, verändert das notwendigerweise die Führung.

Wie stark das im Einzelnen bei der Westfalen AG ausgeprägt war, kann ich so nicht beurteilen, möchte das auch nicht, denn ich bin ja erst 2015 zum Unternehmen gekommen. Sagen wir so: Da heute der *gesamte* Vorstand extern besetzt ist, stehen im ganzen Unternehmen Augenhöhe, Vertrauen, Verantwortung in *diesem* Kontext im Vordergrund – was aber ein kultureller Prozess ist, um dahin zu kommen, das muss man *auch* sagen.

Führung ist *natürlich* etwas, das von *beiden* Seiten funktionieren muss. Ich muss das Vertrauen geben, aber die Verantwortung muss auch jemand nehmen wollen auf der anderen Seite. Es sind nicht nur die Führungskräfte, die sich verändern müssen, sondern auch die Mitarbeitenden müssen Veränderungen ein Stück weit mitgehen.

Zweitens hat sich durch die Coronapandemie einiges verändert dadurch, dass wir massiv gezwungen waren, auf Distanz zu führen – das war ja vorher nicht wirklich eingeübt. Wir hatten das zwar als Westfalen AG durchaus schon gemacht, da waren wir supermodern, und so hatten wir eben auch schon eine Richtlinie zum mobilen Arbeiten vor Corona – aber das Führen hatte immer noch in Präsenz, vor Ort stattgefunden.

Und das hat sich mit Corona verändert, weil wir einfach gezwungen waren, Mitarbeitergespräche online zu führen. Und das ist ein Stück weit geblieben, auch wenn sich anderes nach der Pandemie zurückentwickelt hat. Und weil mit dem Homeoffice die räumliche Distanz geblieben ist, verändern sich Prozesse nochmals und weiterhin. Das mobile Arbeiten wird bleiben, jedenfalls ist das mein Eindruck.

Welche besondere Führungskrise haben Sie erlebt und wie haben Sie diese bewältigt?
Da kann ich ein sehr gutes Beispiel nennen, nämlich einen Hacker-Angriff. Wir sind vor zwei Jahren gehackt worden, und das ist natürlich schon … also, das hatte uns kalt erwischt. Der Anruf kam spät abends und Sie müssen dann ja reagieren. Und das ist schon eine Situation, in der man anders führt als sonst. Also – das ist dann kein Führungsstil mehr, wo Sie jeden mitnehmen können und wo Sie sehr einfühlsam unterwegs sind. Wo man – sage ich mal – alle Meinungen einholt und dann sorgsam abwägt.

Sondern: Da muss man sehr schnell reagieren. Wir haben dann … Also Klartext, das ist alles dann schon autoritär, das ist dann das, was man normalerweise nicht tut, aber es geht halt nicht anders. Wir haben also dann mitten in der Nacht als Erstes unsere Anlagen besetzt und alles mit Handbetrieb gefahren, weil wir natürlich nicht wussten, was wirklich vom Angriff betroffen ist. Die erste Reaktion war: das Netz komplett abschalten. Alle Anwender vom Netz nehmen! Aber das heißt eben auch, dass wir unsere zahlreichen Anlagen, die wir normalerweise über Nacht per Fernwartung fahren, so eben nicht mehr steuern konnten. Also mussten sich Leute sofort ins Auto setzen und dorthin fahren. Und in einer solchen Situation können Sie natürlich auch nicht freundlich fragen, ob es gerade passt. Das bleibt in Erinnerung, dass man einfach sagen muss: »Du machst das jetzt! Das können wir jetzt hier nicht diskutieren! Wir können gern morgen reden, aber jetzt macht erst mal!«

Und dann kommt die nächste Phase: Am nächsten Tag das ganze Chaos ein Stück weit zu ordnen, die IT komplett abzuschotten, damit die in Ruhe arbeiten kann – denn es ist nicht gerade hilfreich, wenn über 1.800 Leute nachfragen, wann sie denn ihre E-Mails wieder lesen können.

Dann müssen Sie einen Krisenstab einrichten, der sehr nah am Geschehen ist, der sehr operativ agiert – und der dann auch in sehr kurzer Frequenz getagt hat und die Themen sortiert hat, zwischen Forensik, zwischen Kommunikation nach innen und außen zu den Kunden, aber auch zu den Angreifern, und zwischen externen Experten, die wir eingeschaltet hatten. Schadensaufnahme und Reparatur, was Daten und Systeme angeht, sind dann weitere Themen.

Und das Ganze hat dann auch so seine Phasen. Erst gibt es den großen Zusammenhalt: »Wir schaffen das! Wir lassen uns nicht erpressen! Wir machen das!« Und dann wird es von Tag zu Tag schwieriger. Erst ist die Bereitschaft, mit Zettel und Stift und überhaupt zwei Stunden länger zu arbeiten sehr groß, nach vier Wochen lässt das deutlich nach. Und insofern hatte dieses Ereignis unterschiedliche Führungsphasen. Die erste Phase hat uns alle zusammengeschweißt, doch dann muss man wieder in den Alltag kommen. Die Leute müssen mal wieder ihre Freizeit haben, alles muss wieder ein normales Maß haben.

Wir haben dann die einmalige Chance genutzt und entschieden, manche Systeme gar nicht wieder aufzubauen. »Prio eins, zwei, drei – und kann weg« hatten wir dann immer gesagt. Und das muss man dann den Anwendern erklären, dass manche Prozesse jetzt dauerhaft anders laufen.

Immerhin konnten die Angreifer nicht auf alles zugreifen. Durch unsere Hybrid Cloud liefen zum Beispiel SAP und Salesforce unbeschadet. Wir waren in der IT schon vorher nicht von gestern. Auch waren wir dadurch und durch den tollen Einsatz unserer Leute vor Ort stets lieferfähig. Wir hatten also zum Glück kundenseitig keine Probleme. Am Ende haben wir sogar den Cyber Resilience Award 2022 für unsere Krisenbewältigung erhalten.

Also in Summe – das alles war eine große Herausforderung, und da müssen Sie vorangehen!

Was haben Sie von Nachwuchs(führungs)kräften gelernt?
Also zunächst einmal: Ich lerne grundsätzlich sehr gern von Leuten, die in der Lage sind, andere Leute mitzunehmen. Ich habe mich, gerade zu Beginn meiner Laufbahn, immer gefragt: Wie schaffen die das, dass die Leute denen folgen und sagen »Jawohl, das machen so!«? Und das eben nicht aus Angst, sondern aus einer gewissen Begeisterung heraus. Das ist eigentlich die hohe Kunst. Das hat viel mit Empathie zu tun. Das hat viel damit zu tun, die Menschen zu sehen, nicht nur aufgesetzt, sondern sich auch wirklich für die Menschen zu interessieren. Das hat auch viel zu tun mit einem roten Faden und klaren Zielen – sodass jeder wirklich weiß: *Das* ist mein Beitrag, um das hoffentlich großartige Ziel zu erreichen! Und da gibt es eben Leute, die das gut können, und von denen kann man sich einiges abschauen. Denn trotz New Work gibt es genügend Situationen und Phasen, in denen muss klar geführt werden.

Zum Nachwuchs: Das ist der ganz natürliche Umgang mit dem Digitalen. Das hat die junge Generation uns voraus!

Junge Talente haben wohl schon immer neue Impulse eingebracht und Forderungen gestellt, mal mehr, mal weniger vehement. Inwieweit sollte eine Organisation auf diese eingehen?
Ich glaube – das ist nicht schwarz oder weiß. Das ist *erst einmal* meine Antwort.

Es haben schon immer jüngere Generationen Veränderungen hervorrufen und auch die Arbeitswelt ändern wollen. Das gab es in unserer Generation ja auch schon, auch wenn wir uns vielleicht nicht mehr daran erinnern oder erinnern wollen. Insofern ist das Phänomen erst einmal legitim, denn die Welt dreht sich ja weiter und wir sollten uns dem auch nicht verschließen. Wichtiger ist für mich, Veränderungen als Chance zu sehen und uns zu fragen: Was können wir als Unternehmen eigentlich Positives daraus ziehen? Das ist die *eine* Antwort auf die Frage.

Und die *zweite* Antwort ist: Das hat auch Grenzen. Wir drehen uns nicht um eine Führungskraft, die vielleicht meint, in rosaroten Wolken schweben zu wollen, oder die meint, es *müsse* sich alles um *sie* drehen. Wir sind am Ende des Tages ein Kollektiv, das funktionieren muss. Und das besteht aus ganz vielen Menschen unterschiedlichen Alters, unterschiedlicher sozialer Prägung und so weiter. Das muss im Zusammenklang funktionieren, und das ist unsere Aufgabe!

Nehmen wir das ganze Thema Digitalisierung, das ist sicher eine Riesenchance, damit verbunden ist natürlich das Thema soziale Medien, auch das ist eine Riesenchance, weil wir sehen, dass wir darüber Mitarbeitende werben und unser Unternehmen natürlich nach außen ganz anders präsentieren können. Ebenso glaube ich, dass New Work eine Riesenchance ist, vor allem die Kombination aus mobil und nichtmobil. Für das Büro gilt: Man hat zum Beispiel mehr Platz, um auch räumlich, im Büro, mehr Gestaltungsmöglichkeiten auszuprobieren.

Wir probieren das Modell Jobsharing auf der Führungsebene erstmalig aus, was ich ebenfalls als Chance sehe, denn ich bekomme gleich zwei Köpfe. Nun müssen wir sehen, wie das langfristig läuft, denn zwei Leute müssen jetzt ein Team führen, die müssen sich vertragen.

Auf der anderen Seite hat das alles für mich eben auch Grenzen. Wir haben eine Unternehmenskultur, die sehr stark vom Miteinander lebt, und das funktioniert nicht, wenn man fünf Tage mobil arbeitet. Wir wollen uns ab und zu auch sehen. Und zwar nicht, weil wir glauben, dass man nur so die Arbeit schafft, sondern weil wir glauben, dass sich sonst die Unternehmenskultur in eine Richtung entwickelt, die wir nicht wollen. Es ist alles ein Geben und Nehmen, man kann nicht seine persönliche Work-Life-Balance zulasten des Teams ausleben.

Welche persönliche Stellungnahme, welches Anliegen zum Thema Führung liegt Ihnen am Herzen?
Diverse Teams funktionieren besser, und das gilt auch für Führungsteams. Diversität ist auf die unterschiedlichsten Felder bezogen, auf Alter, Geschlecht, Herkunft – und auch die Sozialisierung. Ich glaube, diese weite Betrachtung ist sehr wichtig, einfach nach meiner Erfahrung. Diese zu erreichen klappt häufig nicht, einfach weil der Mensch dazu neigt, seinesgleichen zu protegieren und damit eher homogene Zirkel schafft, und das tut Unternehmen nicht gut.

Und das führt mich natürlich zum Thema Frauen, welches mir am Herzen liegt, das werden Sie verstehen. Ich glaube, dass es wichtig ist, dass wir erstens junge Frauen ermutigen, dass sie sich trauen, den Weg der Karriere auch zu gehen, denn wir wissen statistisch, dass wir auf dem Weg viele Frauen früh verlieren. Das hat viele Gründe.

Zunächst einmal muss ich das wollen: Ich muss mich trauen, gegen die Widerstände, die wir in Deutschland noch immer haben, Beruf und Familie zu vereinen – und darf mich dabei auch nicht behindern lassen.

Und auf der anderen Seite müssen wir Hürden abschaffen. Ich bin kein Quotenfan, um das klar zu sagen, aber es gibt zu viele Vorbehalte in Unternehmen. Ich engagiere mich in Mentoring-Netzwerken und sehe noch immer Dinge, von denen man denkt: Die gibt es doch gar nicht mehr. Dass man beispielsweise Frau offen sagt: »Wenn du eine Familie gründen willst, dann kannst du den nächsten Schritt nicht machen.« Das gibt es tatsächlich! Es ist wichtig, dass wir dem entgegentreten, auch weil wir uns durch die tradierte Haltung viele Talente nicht erschließen. Wir können auf diese vielen Talente gar nicht verzichten!

Das hat etwas mit Möglichmachen zu tun, das hat aber auf der anderen Seite auch etwas mit Wollen und Ermutigen zu tun. Was mir dabei auch am Herzen liegt: Wir müssen als Frauen nicht die besseren männlichen Führungskräfte sein! Wir dürfen das so machen, wie wir das wollen!

9.11 Peter Yoogiul Son: Menschen aus dem Hintergrund befähigen, ihnen die Bühne bereiten

Hintergrund

- MBA-Abschluss der Seoul National University und abgeschlossenes General Management Program der Harvard Business School
- Karriere in koreanischen und deutschen Unternehmen
- aktuell bei der Wilo SE als Leiter des weltweiten Strategieprozesses
- Berufseinstieg: 2003

Hat sich aus Ihrer Sicht das Verständnis von Führung über die Jahrzehnte geändert – wenn ja, wie? Spielt hier vielleicht auch die interkulturelle Komponente eine Rolle, gibt es so etwas wie einen asiatischen und einen europäischen Führungsstil oder gar einen koreanischen oder deutschen? Schließlich: Als Harvard-Absolvent können Sie sogar die US-amerikanische Sichtweise einbringen. Ist das moderne Führungsverständnis also universal anzuwenden?
Genau das ist die Frage. Als Mittvierziger wurde ich von den Babyboomern geprägt und gehöre der Generation X an. Ich habe meine ersten Schritte im Geschäftsleben in sehr hierarchischen, bürokratischen Organisationen unternommen. Fast wie in einer Armee. Der Befehlshaber gibt seine Anweisungen vor und alle Soldaten folgen. So waren meine ersten Jahre im Berufsleben. Als Koreaner, der in einem typischen koreanischen Konglomerat arbeitete, war es mir nicht erlaubt, offen zu sprechen und neue Ideen einzubringen – was ich aber dennoch oft tat.

Ich erinnere mich an die Worte meines ersten Vorgesetzten, im Rang eines Director: »Aha! Du bist also leidenschaftlich, du bist enthusiastisch, du hast kreative Ideen – aber mach das alles nicht, bevor ich in Rente gehe!« Das war eine Art Regel in koreanischen Unternehmen und wahrscheinlich auch in allen anderen typischen ostasiatischen Unternehmen. Ein Grund dafür war ein besonderes Verständnis von Gesicht und Verantwortung – von kollektiver Leistung, aber individueller Verantwortung: Wenn man einen Fehler macht, kann der Vorgesetzte verantwortlich gemacht werden. Und es war keineswegs immer klar, was als Fehler angesehen werden konnte. Also bat mich mein Direktor höflich, nicht zu tun, was nicht verlangt wird.

Aber inzwischen hat sich dieses Verständnis geändert. Das derzeitige Verständnis in Korea und vielleicht in der ostasiatischen Geschäftskultur im Allgemeinen lautet eher so: »Ja, wir alle kennen den alten Stil, aber jetzt sollte jeder seinen Anteil an der Wertschöpfung haben.« Und die jungen Leute fordern das auch ein. Wird ihnen das vorenthalten, sind sie nicht unbedingt loyal gegenüber dem Unternehmen, sondern verlassen es. In Deutschland und in den USA sicher, in Korea – mit einer geringeren Anzahl attraktiver Unternehmen, zu denen man gehen kann – vielleicht nicht in diesem Ausmaß.

Welche besondere Führungskrise haben Sie erlebt und wie haben Sie diese bewältigt?
Ich erinnere mich an eine Begebenheit in Korea, als ich junge Führungskraft war – also noch in der alten Führungswelt, die ich gerade erwähnt habe. Ich dachte, ich hätte ein gutes Verhältnis zu meinem Team, aber eines Tages hörte ich, dass eine junge Frau aus meinem Team zu den anderen sagte: »Steckt nicht zu viel Energie in die Arbeit, denn am Ende wird Peter es ohnehin so machen, wie es ihm am liebsten ist.«

Für mich war das ein Schock, und ich dachte in der Folge viel darüber nach. Mir wurde klar, dass ich das alte Konzept, bei dem der Anführer vorne steht und »Folgt mir!« ruft, völlig verinnerlicht hatte.

Offensichtlich wollte mein Team mehr Ermutigung und mehr Unterstützung von meiner Seite. Sie wollten sich stärker wertgeschätzt fühlen. Seitdem ist es mir ein Anliegen, die Werte einer dienenden Führungskraft, also das Servant-Leadership-Prinzip zu leben.

Was haben Sie von Nachwuchs(führungs)kräften gelernt?
Genau das, was ich soeben erwähnt habe: Bei moderner Führung geht es darum, Menschen aus dem Hintergrund zu befähigen, ihnen die Bühne zu bereiten, sie dann auf der Bühne auftreten zu lassen und ihnen die Anerkennung und Wertschätzung zukommen zu lassen. Besonders im Hinblick auf die junge Generation, die in einer digitalen Welt mit sehr wenigen Grenzen und Begrenzungen aufgewachsen ist, denke ich, dass diese Vorstellung von Führung universell ist.

Junge Talente haben wohl schon immer neue Impulse eingebracht und Forderungen gestellt, mal mehr, mal weniger vehement. Inwieweit sollte eine Organisation auf diese eingehen?
Zunächst einmal sind die Dinge nicht schwarz oder weiß, sondern sie sind grau. Lassen Sie mich auf das Konzept zurückkommen, nachdem alle zur Wertschöpfung beitragen und eigene Ideen einbringen können. Die Generation Y und insbesondere die Generation Z entscheidet, für wen sie arbeitet. Nicht andersherum. Ich denke, das ist der Fall in Korea und in Deutschland und übrigens auch in vielen anderen europäischen Ländern und sogar darüber hinaus, einschließlich der USA. Die jungen Leute entscheiden sich nicht unbedingt nur für große Marken, sie wollen mehr. Es herrscht ein Kampf um Talente, und für viele Personalverantwortliche ist es schwierig, die richtigen Talente zu gewinnen und sie auch zu halten. Dies ist eine der größten Herausforderungen für die Unternehmen, und die Personalabteilung muss darauf vorbereitet sein.

In diesem Zusammenhang möchte ich auch das Phänomen der U-Kurve erwähnen, das meines Erachtens zuerst von Sverre Lysgaard aus Norwegen erwähnt wurde. Die Talentkurve ist in vielen Unternehmen der westlichen, aber auch der asiatischen Geschäftswelt sozusagen U-förmig. Anders als vielleicht in den letzten Jahrzehnten verlassen junge Talente das Unternehmen allein wegen falscher oder schlechter Führung, wegen der falschen Manager.

Um es zu genauer zu erklären: Junge Leute kommen voller Hoffnung und Enthusiasmus in das Unternehmen, dann erleben sie die Konfrontation mit der Wirklichkeit, eine Art Kulturschock. Wenn sie sich dann nicht respektiert fühlen, wenn sie die Möglichkeit einer echten Beteiligung verpassen, werden sie weggehen. Die rechte Linie des U symbolisiert in unserem Fall weder Akzeptanz noch Zufriedenheit. Sie symbolisiert das steigende Energieniveau ihrer Aktivitäten, sich einem neuen Unternehmen zuzuwenden.

Für viele junge Talente sind Kriterien wie Nachhaltigkeit, Sinn und Partizipation wichtig, nicht nur die Vergütung, und sie wollen diese Werte leben. Dies sind klare Signale der jungen Generation. Die Unternehmen sollten alles tun, was nötig ist, um sicherzustellen, dass die Mitarbeitenden nach dem Kulturschock im selben Unternehmen neu aktiv werden und nicht außerhalb.

Welche persönliche Stellungnahme, welches Anliegen zum Thema Führung liegt Ihnen am Herzen?
Ich möchte mit einer Frage antworten: Ich kann nicht aufhören, darüber nachzudenken, wie man die Menschen motiviert, wie man sie dazu bringt, sich zu äußern und ihre Ideen mitzuteilen. Ich frage mich als Führungskraft auch immer wieder, wie man Menschen dazu bringt zu akzeptieren, dass sie immer noch lernen und vom Wissenszuwachs profitieren können, wie man Selbstgefälligkeit bekämpft und Selbstreflexion fördert, wie man sicherstellt, dass die Menschen Spaß daran haben, weiter zu wachsen.

9.12 Christian Spies: Zuhören und den Moment erkennen, wann Unterstützung geboten ist

Hintergrund

- Diplom-Betriebswirt, MBA (INSEAD)
- nach Karrierebeginn bei einer spezialisierten Unternehmensberatung, langjährige Führungskarriere in der Automobil- und Technologiezuliefererindustrie als Geschäftsführer und Senior Vice President für eine Business Group (Industrial Solutions)
- aktuell President Power Management&Control Components Division, Executive Board Member, Eaton SE sowie Member of the Corporate&Electrical EMEA Executive Team
- Berufseinstieg: 1999

Hat sich aus Ihrer Sicht das Verständnis von Führung über die Jahrzehnte geändert – wenn ja, wie?
Im tradierten Management-Verständnis wird Führung vor allem als eine zielbezogene (stark top-down) Einflussnahme verstanden, die neben der Motivation der Mitarbeitenden die Qualität der Arbeit beeinflusst und Mitarbeitende dabei unterstützt, Ziele zu erreichen. Ich denke, dass dieses Verständnis nicht gänzlich verschwunden ist.

Jedoch haben die Rahmenbedingungen beziehungsweise sowohl externe als auch innerhalb von Organisationen wirkende Veränderungsfaktoren das Verständnis von und die Anforderungen an Führung stark verändert. Der Veränderungsdruck lastet nicht nur auf einer Organisation selbst, sondern auch auf der Führungskraft. Die Komplexität der Arbeitswelt durch internationale Verflechtung an sich, Disruption durch neue Technologien sowie insbesondere die Welt im Dauerstress allein nur in den letzten drei Jahren – Handelskonflikte bzw. Protektionismus, Corona, Klima, Energiekrise, Lieferengpässe, Ukrainekrieg, Terrorangriffe, Rezession und Deflationssorgen etc. – stellen enorme Herausforderungen an Führung sowie deren Resilienz. Außerdem wird die Arbeitswelt durch die Omnipräsenz von Informationen heute mehr denn je stark beeinflusst.

Wenn ich mich an die ersten beruflichen Tätigkeiten während meines Studiums Ende der 1990er-Jahre erinnere, dann war das Verständnis von Führung noch sehr hierarchisch geprägt. Die ranghöchste Führungskraft einer großen Abteilung war diejenige, welche nur ein Telefon auf dem Schreibtisch hatte und einmal am Tag die Unterschriftenmappe mit Vorgängen von Abteilungsleitern zur händischen Unterschrift durchsprach – so meine Erinnerung an die Führungs- und Arbeitsweise in einem großen und sehr erfolgreichen deutschen Technologiekonzern.

Arbeitsstrukturen waren damals klar festgelegt. Aufstieg und Weiterentwicklung waren stark auf Fachkenntnisse ausgerichtet. Kontrolle und Anweisungen standen im Mittelpunkt, die Mitarbeitenden hatten wenig bis keine Entscheidungsbefugnis, Abläufe waren stark formalisiert – im Gegensatz zu einer agilen, stark projektorientierten Arbeitswelt heute – und die Einbindung in globale Lieferketten und die internationale Verflechtung aller Funktionen und Bereiche waren nur schwach ausgeprägt.

Die beschriebenen Veränderungsfaktoren sowie zusätzlich gesellschaftliche sowie generationsbezogene Wertorientierung – zum Beispiel Gleichberechtigung der Geschlechter, Diversität, Nachhaltigkeit – prägen die Führung am stärksten aus meiner Sicht. Ich behaupte, dass das Führungsverständnis und -verhalten, welches damals die Norm und völlig akzeptiert war (und mit großem Erfolg vieler Unternehmen und Organisationen einherging) heute weder denk- noch umsetzbar wäre.

Führungskräfte müssen heute anerkennen, dass sie nicht auf alles eine Antwort haben. Heute geht es meiner Ansicht nach viel stärker um Entwicklungspfade und lebenslange Lernbereitschaft hin zu einer menschenorientierten, also weniger technokratischen oder hierarchiebasierten Führung. Das heißt: Welche Fähigkeiten braucht es, um neuen Herausforderungen zu begegnen, um Trends zu erkennen und die richtigen Schlussfolgerungen zu ziehen? Wie forme ich komplementäre Teams mit Persönlichkeiten und Charakter, um die Kooperation in der Organisation zu fördern? Das sind die entscheidenden Fragen. Der Fokus liegt hier auf Kooperation, Kommunikation und Autonomie, auch weil man sich bei wechselseitig abhängigen Entscheidungsprozessen nicht mehr auf die Rezepte der Vergangenheit verlassen kann.

Welche besondere Führungskrise haben Sie erlebt und wie haben Sie diese bewältigt?
Eine individuelle Führungskrise selbst habe ich glücklicherweise noch nicht erlebt, aber bereits mehrmals belastende Situationen. Für mich selbst und die Mannschaft als Ganzes waren einmalige Herausforderungen – zumindest für die in der Verantwortung stehende Generation von Führungskräften –, beispielsweise die Finanzkrise 2009 sowie die Coronapandemie. Speziell bezüglich unseres Standorts Bonn hatten wir die Ahr-Flut zu verkraften, und zwar nicht geschäftlich, sondern auf menschlicher Ebene, da viele Mitarbeiter persönlich betroffen waren. Das haben wir nur mit einer ganz großen gemeinsamen Anstrengung geschafft, viele unserer Leute vom Standort haben geholfen, wo sie nur konnten. Und setzt man die globale »Konzernbrille« auf, gibt es regional noch viel mehr Krisen, als wir in Deutschland vielleicht wahrnehmen.

Es sind jedoch nicht nur exogene Krisen, die eine Führungskrise erzeugen können, auch eine bewusst herbeigeführte strategische Transformation eines Geschäfts stellt besondere Anforderungen an Führung. Sehr prägend ist für mich die Erkenntnis, dass man solche Situationen nur gemeinsam bewältigt und regelmäßige, offene Kommunikation in der Organisation und ihren Gremien gepaart mit größtmöglicher Transparenz essenziell sind. Der Spagat zwischen Besonnenheit einerseits und andererseits der Fähigkeit, in Szenarien zu denken sowie die entschlossenen Maßnahmen in all ihrer Komplexität mit Risiken und Konsequenzen stets im Blick zu haben, ist eine bleibende Lernerfahrung in der Rolle als Richtungsgeber und operativ verantwortlicher Akteur.

Die Nähe zur eigenen Mannschaft – physisch wie virtuell –, diese zu motivieren, an ihre Grenzen zu gehen, um Risiken zu mindern und gleichzeitig sich bietende Chancen zu nutzen, ist enorm wichtig für die Identifikation mit dem Unternehmen und den inneren Zusammenhalt. Was schafft Bindung und Identifikation zum Unternehmen beziehungsweise zur Führungskraft? Es sind Emotionen, Empathie und der persönliche Kontakt vor Ort, worauf man als Führungskraft im eigenen Rollenverständnis wesentlichen Einfluss hat.

Was haben Sie von Nachwuchsführungskräften gelernt?
Ich lerne ständig aus der Zusammenarbeit mit Kolleginnen und Kollegen, vor allem über das Führen und Geführt-Werden. Die jüngeren Kolleginnen und Kollegen haben einen wichtigen Beitrag zur Herangehensweise, um kohärente, interdisziplinäre Teams zu bilden, die gemeinsame Ziele verfolgen, einander vertrauen und voneinander lernen.

Ein Beispiel: Wir hatten in einem Produktionsstandort meines Geschäfts- und Verantwortungsbereichs unseren CEO, mehrere Aufsichtsratsmitglieder sowie Kollegen aus dem Topmanagement zu Gast, um über strategische Investitionen sowie die Ausbildung und das Talentmanagement vor Ort – auch im Kontext von Fachkräftemangel – zu informieren. Raten Sie, wer an diesem Tag den überzeugendsten Auftritt hatte? Es waren unsere Auszubildenden und Studenten im dualen Studium, die unglaublich professionell mehrsprachig und souverän selbst über ihre Projekte und Ausbildungspfade berichtet haben. Im Alter von rund 15 bis 20 Jahren! Das Engagement, die gegenseitige Unterstützung in diesem Team vor und während des Besuchs – diesen Zusammenhalt in der Mannschaft zu spüren, war wirklich eine große Freude.

Zurück zur Frage nach dem Verständnis von Führung: Traditional verstehen man unter Motivation häufig zu Mitarbeitern »nett« zu sein, begeisternde Ansprachen zu halten oder Schultern zu klopfen. Wenn wir Talente haben wollen, die sich mit dem Unternehmen identifizieren und ihr Potenzial voll entfalten, dann sollten wir ihnen eine große Aufgabe geben, die sie fordert und die ihren Stärken gerecht wird. Zuhören und den Moment erkennen, wann Unterstützung geboten ist, und dann fragen »Wie kann ich helfen?«, um den Mitarbeiter oder das Team zu unterstützen, wo es allein nicht weiterkommt. Und wenn es eben geht, kein Mikromanagement!

Als Führungskraft sollte man dagegen die eigene Motivation insbesondere aus dem »Erfolgreichmachen« anderer schöpfen, wie ich finde.

Junge Talente haben wohl schon immer neue Impulse eingebracht und Forderungen gestellt, mal mehr, mal weniger vehement. Inwieweit sollte eine Organisation auf diese eingehen?
Vorab: Zur Generation Z habe ich so gut wie keine direkten Kontakte, höre aber aus der Organisation, dass sie sich nicht völlig von der Generation Y unterscheidet. Die hohen Erwartungen der Generation Y und die Fragen nach »warum, wieso, weshalb?« der Young Professionals bezüglich Karriereentwicklung, flexibler Arbeitszeiten, die Forderung nach Sozialverantwortung und Nachhaltigkeit sowie regelmäßigem Feedback – am liebsten in Echtzeit, wie es die Digital Natives aus den sozialen Medien gewohnt sind, – müssen ernst genommen werden. Nicht nur,

um sich im Konkurrenzdruck mit anderen Unternehmen oder Organisationen die besten Köpfe zu sichern. Vielmehr sehe ich mit Blick auf die Unternehmenskultur und den Antrieb einer Organisation einen wichtigen Vorteil, den diese Menschen der Generation Y mitbringen: Mit den neuen Technologien aufgewachsen und bestens vertraut, suchen viele nach Arbeitgebern, die Kreativität und Innovation fördern und als Organisation flexibel genug sind, daraus im Marktumfeld Vorteile zu ziehen.

Diese Generation reagiert sehr beweglich und vielseitig auf neue Anforderungen, ist manchmal aber auch schneller gelangweilt, wenn sich sichtbare Erfolge nicht sofort einstellen. Man erwartet, dass Arbeit Spaß macht, intellektuell fordert und gute Leistung oft unmittelbar mit schnellen Aufstiegschancen belohnt wird. Die Kehrseite dessen ist aus meiner Erfahrung also eine gewisse Sprunghaftigkeit der Leute. Hier besteht der Ansatzpunkt für Führungskräfte, im persönlichen Dialog zu vermitteln, dass eine Facette von Nachhaltigkeit eben auch Konsequenz und Durchhaltevermögen erfordert.

In den Vordergrund stellen möchte ich aber ganz klar das Positive, denn es überwiegt bei Weitem: Die Fähigkeiten und die Bereitschaft der Generation Y aus meiner Erfahrung sind wichtige Eigenschaften für Unternehmen in der Transformation in wachstumsstarke Felder. Schauen wir nur mal auf die deutsche Industrie: Egal ob Großkonzern oder Mittelstand, die Unternehmen müssen für die Migration ihres Geschäfts vom reinen Hardwareproduzenten zusätzlich Software und Systemsteuerungen entwickeln und die neuen Produkte in das Internet der Dinge integrieren, um in einem Ökosystem von Systemen erfolgreich zu sein. Dazu kann und wird die Generation Y einen wichtigen Beitrag leisten, davon bin ich überzeugt.

Welche persönliche Stellungnahme, welches Anliegen zum Thema Führung liegt Ihnen am Herzen?
Wie eingangs erwähnt, befinden wir uns in einer Situation, in der wir eine Organisation nicht mehr allein mit präzisen strategischen Vorstellungen und dem Halten eines starren Kurses führen kann. Führung ist heute ein Prozess gemeinsamer Steuerung: strategisch klar führen und taktisch agil anpassen, während man gemeinsam vorangeht. Aus meiner Erfahrung kann Führung nur auf der Basis sehr persönlicher Beziehungen funktionieren, denn Führung geschieht niemals beziehungslos.

Vertrauen und Offenheit hingegen befähigen uns, mit Komplexität und Unsicherheit umzugehen. Es geht um eine Offenheit, die sich der eigenen Vorurteile – egal, ob gegenüber Kulturen, Generationen, neuen Technologien etc., die jeder von uns in sich trägt – bewusst ist. Ich möchte gern meinen Beitrag dazu leisten, unterschiedliche Perspektiven zusammenzubringen, Richtung zu geben, Teams zu begeistern und insbesondere Talente zu erkennen. Führungskräfte sind heute mehr denn je Brückenbauer in die Zukunft. Innere Haltung, Empathie und Offenheit liegen mir also sehr am Herzen.

9.13 Franz Sebastian Welter: Führungskraft werden jetzt diejenigen, die gern mit Menschen umgehen

Hintergrund

- Leiter Innovation & Digitalization, ›Chefinnovator‹ und oberster Trendscout der DZ Bank AG
- Berufseinstieg: 2006

Hat sich aus Ihrer Sicht das Verständnis von Führung im Bankwesen (oder falls Sie es ermessen können, auch darüber hinaus) in den letzten, sagen wir, 15 Jahren geändert – wenn ja, wie?
In der Bankenbranche hat sich einiges getan – auf ganz unterschiedliche Weise. Wir hatten einen großen digitalen Push und damit einhergehend die Etablierung agiler Arbeitsformen und wiederum damit einhergehend ein verändertes Rollenverständnis. Führungskraft werden jetzt eher diejenigen, die gern mit Menschen umgehen. Es heißt nicht mehr: Der- oder diejenige muss die beste Fachkraft sein. Die Kultur hat sich zum Positiven hin verändert. Das Arbeiten in Silos findet immer weniger statt, eine größere Dynamik und ein kundenorientiertes Arbeiten haben Einzug gehalten.

Ein weiterer Treiber war die Coronapandemie, die ein neues Arbeitsparadigma eingeführt hat. Vor der Pandemie waren wir wirklich an fünf Tagen in der Woche in der Bank. Durch die Pandemie, durch den phasenweisen Stillstand und jetzt durch das hybride Arbeiten hat sich viel verändert. Führungskräfte brauchen Digitalkompetenz, sie müssen stärker mittels digitaler Tools führen.

Welche besondere Führungskrise (persönlich oder in der Bank) haben Sie erlebt und wie haben Sie diese bewältigt?
In jetzt 15 Jahren als Führungskraft habe ich es ein paar Mal erlebt – durch Teamzusammenlegungen oder vielleicht auch mal, weil man sich bei einer Einstellung vergriffen hat –, dass ich mit Menschen zu tun hatte, bei denen sich herausgestellt hat, dass sie doch nicht so gut in unserem Team agieren können. Das hat zu vielen unschönen Situationen geführt und man merkt dann ganz deutlich, was es bedeutet, eine Person im Team zu haben, die einfach, sagen wir es mal so: nicht in das System passt, die Rolle nicht ausfüllen kann.

Das kann, wenn die Leistung des ganzen Teams dadurch nach unten gezogen wird, einen über eine lange Zeit zur Verzweiflung bringen. Im Grunde ist recht früh die Führungskraft gefragt, es sind klärende Gespräche anzuberaumen und auch weitere Maßnahmen können helfen. Wenn sich dann herausstellt, dass die entsprechende Person die Lage oder sich selbst nicht reflektiert hatte und sich nun lernfähig zeigt, dann ist das der schönere Weg.

Es kann sich aber auch herausstellen, dass die Merkmale so stark im Charakter verwurzelt sind, dass sie sich nicht ändern lassen oder dass die Person sie nicht ändern will. Dann kommt irgendwann der Moment, an dem man über eine Trennung nachdenkt – und diese am Ende der Kette auch vollziehen muss.

Ich glaube, jede langjährige Führungskraft wird diese Situation irgendwann und auch mehrfach durchleben. Die dann folgenden Gespräche sind nicht schön, und man muss das ganze Team im Blick haben, denn unter einer solchen Situation leiden alle. Man muss sich dann um viele Teammitglieder einzeln kümmern.

Diese Alltagskrisen im Führungsgeschäft, die finde ich eigentlich schlimmer als den großen Knall. In Projekten beispielsweise hat man das ja immer, irgendwann kommt mal ein Punkt, wo es hakt oder nicht weitergeht. Diese Verhältnisse kann man besser bewältigen als schwelende Konflikte, wenn man damit professionell umgeht, sachlich argumentiert und nicht zu emotional wird. Die zwischenmenschlichen Themen, die bekommt man schwieriger in den Griff.

Was haben Sie von Nachwuchskräften gelernt?
Nachwuchskräfte oder Nachwuchs*führungs*kräfte? Obwohl, im Grunde gleich. Ich bin der Auffassung, dass man von jedem etwas lernen kann, so gehe ich durchs Leben, egal ob jung oder alt. Bei jüngeren Menschen gibt es zwei Dimensionen: Zum einen die unvorbelastete Art von Menschen, die noch nicht zu lange in Konzernstrukturen gearbeitet haben. Das Hinterfragen des Status quo ist gerade bei jüngeren Leuten ausgeprägt, und es lohnt sich, über dieses Hinterfragen nachzudenken. Das ist nicht immer angenehm, aber sehr hilfreich. Darüber hinaus schätze ich den Input in puncto Alltagstechnologien und Präferenzen, auch mit Blick auf die Kunden. Das bringt schon meine Aufgabe als Leiter eines Innovation Labs mit sich. Die Generation Z ist für mich daher doppelt interessant: als Kunden und als Teammitglieder unserer Bank.

Junge Talente haben wohl schon immer neue Impulse eingebracht und Forderungen gestellt, mal mehr, mal weniger vehement. Inwieweit sollte eine Organisation auf diese eingehen und spielt Ihre Führungsposition im Thema Innovation & Digitalization hier eventuell eine besondere Rolle?
Den Bezug zu Innovation & Digitalization habe ich in der vorherigen Antwort schon hergestellt. Grundsätzlich ist die Situation mit den Nachwuchskräften

ambivalent. Viele sind sehr fordernd, auch in puncto Gehalt und Verantwortungsübernahme, was für uns natürlich sehr gut ist, und in puncto Work-Life-Balance, also etwa flexible Arbeitskonzepte oder agile Arbeitskonzepte – und damit muss man umgehen als Organisation. In den nächsten Jahren oder wahrscheinlich für eine sehr lange Zeit wird es entscheidend sein, wie man sich als Arbeitgeber positioniert und wie es gelingt, Talente ins Unternehmen zu holen. Uns gelingt das gut.

Auf der anderen Seite hat alles seine Grenzen. Nicht alle Young Professionals können nach kurzer Zeit ein Team leiten. Das funktioniert leider nicht. Wir sehen uns im Banksektor bereits als Vorreiter des modernen Arbeitens und der modernen Führung, was einschlägige Umfragen bestätigen, in denen wir immer wieder Spitzenplätze einnehmen. Und dennoch ist es so, dass man es bei sehr vielen Young Professionals im Nachwuchspool, die alle ehrgeizig und leistungsfähig sind, die alle etwas erreichen wollen, leider nicht allen recht machen kann. Insoweit haben wir bei uns sicherlich ein Luxusproblem.

Welche persönliche Stellungnahme, welches Anliegen zum Thema Führung liegt Ihnen am Herzen?
Führung kann einfach sein, wenn sie sich stark an den Menschen orientiert und sie in ihrer Entwicklung zu unterstützt. Das bedeutet, ihnen Verantwortung zu geben, sie wachsen zu lassen und ihnen ein Arbeitsumfeld zu bereiten, welches es ermöglicht, sowohl die Ziele des Unternehmens zu erreichen, aber auch das einzelne Teammitglied sich entwickeln zu lassen.

9.14 Anka Wittenberg: Familie und Arbeit ehrlich und dauerhaft vereinen können

Hintergrund

- langjährige Führungskarriere als HR Director bei US-amerikanischen und deutschen Unternehmen, zuletzt als Senior Vice President HR sowie Chief Diversity & Inclusion Officer, SAP weltweit
- heute Aufsichtsrätin in der Wirtschaft und Chairwoman of The Board Of Directors Deutschland, World Childhood Foundation
- Berufseinstieg: 1984

Hat sich aus Ihrer Sicht das Verständnis von Führung über die Jahrzehnte geändert – wenn ja, wie?
Noch vor wenigen Jahrzehnten wurden viele Unternehmen ganz selbstverständlich patriarchalisch geführt, insbesondere Familienunternehmen. Das hat sich sukzessive geändert. Heute, durch den weithin gepflegten oder geforderten kollegialen Ansatz, fällt es vielen Führungskräften schwer, konkrete Ziele und

Leistungen einzufordern und Themen konsequent durchzuziehen. Mit dem Ansatz, sich immer auf Augenhöhe und mit Empathie zu begegnen, wird mir zu oft suggeriert, die harte Zielerreichung sei Nebensache, doch konsequenter Fokus ist weiterhin erforderlich. Eindeutig.

Welche besondere Führungskrise haben Sie erlebt und wie haben Sie diese bewältigt?
Hier denke ich an meinen Wechsel von General Electric (GE) zu einem großen deutschen Familienunternehmen. GE hatte die Personalarbeit bei meiner Ankunft dort schon viele Jahre sehr professionell betrieben. Von Jack Welch mit seinem Engagement für Personalbelange und Personalqualifizierung bis hin zum hauseigenen Crotonville Leadership Institute können heute noch viele Unternehmen lernen.

Diese strategische Rolle bei GE, die ich mit jungen Jahren dort innehatte, bedeutete, dass ich a) immer um meine Meinung gefragt wurde, und ich auch eine klare Haltung hatte, zu vertreten hatte und auch zu verantworten hatte und b) dass ich als Führungskraft und Projektleiterin mit dem CEO und COO der Einheit gleichberechtigt und, bezüglich der Projekte, mit gleichen Stimmanteilen am Tisch saß.

Mit diesem Verständnis ging ich in meiner nächsten Station bei einem großen deutschen Familienunternehmen ins Rennen. Dort sollte ich einen weltweiten Bonusplan entwickeln und umsetzen, von Deutschland über China und Brasilien bis in die USA, also wirklich global. Diesen Plan habe ich mit den entsprechenden Personalleitern der einzelnen Geschäftsbereiche der einzelnen Divisionen durchgesprochen, mir das Okay abgeholt, wir haben den Plan zusammen entwickelt und es war deren Aufgabe, das alles zu implementieren. Natürlich mit meinem Führungsverständnis von GE heraus.

Was ist passiert? Die Geschäftsführer der Divisionen haben beim Gesellschafter interveniert. Die sind Amok gelaufen! Die haben sich bitter beim Inhaber beschwert, warum HR das allein gemacht hat und das Thema nicht über ihren Tisch gelaufen ist. In der Konsequenz musste ich dann zurück zum Start, das Projekt nochmals mit den Geschäftsführern durchsprechen, mir deren Okay holen und dann die Implementierung nochmals starten. Es hatte dann also funktioniert, aber es hat deutlich länger gedauert als gedacht. Ich hatte fälschlich das Führungsverständnis von GE vorausgesetzt. Ich habe daraus gelernt, mir immer erst einmal die Kultur des Unternehmens und die faktischen Machtverhältnisse anzuschauen, bevor ich auch nur irgendeinen Schritt setze.

Was haben Sie von Nachwuchskräften gelernt?
Das ist noch gar nicht so lange her, zehn Jahre vielleicht, zu Beginn der Digitalisierungswelle in den Unternehmen. Es war eine junge Frau, mit der ich über die World Childhood Foundation zusammengearbeitet hatte. Ich war fasziniert, wie intuitiv sie die digitalen Medien nutzte. Sie nahm beispielsweise in Besprechungen viele Informationen und das Verhalten der Menschen teilweise ganz anders auf als ich, viel analytischer.

Grundsätzlich habe ich immer dafür gesorgt, komplementäre Fähigkeiten in meine Teams zu holen, gerade was meine Person betrifft. Beispielsweise habe ich gern sehr akribisch arbeitende Menschen um mich gehabt, weil meine Rolle es verlangte, das große Ganze zu sehen. Da blieb für die Details keine Zeit und Mikromanagement betreibe ich bis heute nicht. Insoweit lerne ich von anderen – nicht nur jungen – Menschen manchmal das, was ich vielleicht nicht so gut kann oder was ich schon qua Rolle tunlichst bleiben lassen sollte.

Junge Talente haben wohl schon immer neue Impulse eingebracht und Forderungen gestellt, mal mehr, mal weniger vehement. Inwieweit sollte eine Organisation auf diese eingehen?
Mir fällt besonders das Verständnis von Familienleben auf. Die junge Generation fordert im Trend mehr Zeit für sich und die Familie ein. Ich verweise dazu immer gern auf Skandinavien. Mein Sohn lebt und arbeitet in Schweden, er teilt sich mit seiner Frau auch den Haushalt und die Kinderbetreuung. Die Forderung, Familie und Beruf besser in Einklang bringen zu können, ist für mich definitiv eine Forderung, auf die Unternehmen in Deutschland noch viel mehr eingehen müssen. Ich betone hier auch den Business Case, Deutschland entgeht schlichtweg Wirtschaftskraft.

Und dann gibt es noch den Trend des agilen und vor allem mobilen Arbeitens. Das ist etwas für freie und stark von Kreativität bestimmte Berufe oder Tätigkeiten. Ich arbeite selbst gelegentlich in Co-Working-Spaces. Ich wohne zum Teil in Lissabon, da trifft man viele Digitalnomaden aus Deutschland. Man muss klar sagen, so produktiv wie in einem festen Team vor Ort arbeiten sie eher nicht. Je nach Aufgabenzuschnitt kann eine Organisation auf diese Wünsche nicht eingehen.

Welche persönliche Stellungnahme, welches Anliegen zum Thema Führung liegt Ihnen am Herzen?
Ich kann hierzu nur wieder sagen: Es muss endlich gesamtgesellschaftlich der Rahmen geschaffen werden, Familie und Arbeit ehrlich und dauerhaft vereinen zu können, in allen Berufsbildern und Hierarchieebenen. Es muss ein Trend einsetzen mit glaubwürdigen Rollenvorbildern und eben nicht nur vereinzelt. Die Menschen und gerade die jungen Menschen brauchen mehr denn je Rollenvorbilder.

9.15 Zwischenfazit

Was haben uns diese Berichte aus der Praxis gezeigt? Aus meiner Sicht wird vor allem klar, dass kein einheitliches Bild der Leistungsfähigkeit und -motivation der jungen Generation und auch der älteren Jahrgänge existiert. Ebenso lassen sich in dieser Stichprobe keine signifikanten Unterschiede der Ansichten zwischen Männern und Frauen erkennen. Es scheint keine explizit maskuline oder feminine Sichtweise zur Veränderung und Zukunft der Führung zu geben – abgesehen vielleicht vom allzu verständlichen Aufruf, dass mehr Frauen und auch Mütter Führungskräfte werden und dabei ihre Identität nicht verleugnen sollten. Diese Perspektive können von innen heraus naturgemäß nur die Betroffenen einnehmen. Ob allerdings die Grundproblematik von zu wenig führungsmotivierten Frauen unmittelbar mit einem (noch immer) zu männerfreundlichen Führungsverständnis zusammenhängt, ist zumindest fraglich, denn in der jungen Generation fehlen führungsmotivierte Männer gleichermaßen.

Deutlich hingegen ergibt sich aus den Führungsgesprächen die essenzielle Erkenntnis, dass Unternehmen und Organisationen je nach Branche, Größe und Reifegrad völlig unterschiedliche Anforderungen an Führungskräfte und Belegschaft stellen. Anbieter kritischer Infrastruktur oder Grundversorger mit Großanlangen sind nicht vergleichbar mit Start-ups digitaler Geschäftsmodelle.

Das Unternehmertum, in dem sich die Gründer aus eigener Überzeugung, quasi mit Haut und Haaren, einer Sache verschreiben, Gleichgesinnte anziehen, und alle diese Überzeugung fast bedingungslos ausleben, hat nichts mit Führung im traditionsreichen Konzern zu tun. Entsprechend ist die Führungskultur jeweils eine gänzlich andere, ebenso die Erwartungshaltung der Führungskräfte und Mitarbeitenden.

Weiterhin scheinen Zielgruppen von Bedeutung zu sein. Ein Entwickler und Produzent von Konsum-, Freizeit- oder Luxusgütern mit einem erheblichen Teil an jungen Menschen im Kundenkreis betrachtet die junge Generation als systemimmanenten Innovationstreiber. Daher ist zu erwarten, dass diese Unternehmen noch stärker auf die Wünsche der Nachwuchskräfte eingehen, wo immer es organisatorisch – auch nur ansatzweise – möglich ist. Sie sehen die junge Generation als direkte Verbindung zum Kundenkreis.

Auch von den Unternehmenstypen abgesehen, kann sich das Verständnis von Leistung und Gestaltungsfreiheit deutlich unterscheiden. Verstehen die Nachwuchs(führungs)kräfte im einen unternehmerischen Biotop darunter, sich möglichst mit eigenen Entscheidungen und voller Leistungsentfaltung einbringen zu können, verstehen sie in einem anderen darunter, Arbeitszeit, -ort und -organisation weitgehend selbst bestimmen zu können. Beide Gruppen haben nur sehr bedingt Gemeinsamkeiten.

Unterscheiden kann man allenfalls kulturell-verhaltensbezogene Faktoren von strukturell-technischen Faktoren.[148] So haben die etablierten Führungskräfte von der jungen Generation häufig den natürlichen Umgang mit digitalen Medien gelernt, aber auch neue Prioritätensetzung zwischen Berufs- und Privatleben.

Weiterhin bringen die Gespräche noch einmal frisch aus der Praxis die Erkenntnis, dass Führung situativ unterschiedlich sein kann und muss. Unternehmen in einer Notlage können nicht auf potenziell langwierige Abstimmungsprozesse bauen. Notwendige Entscheidungen müssen schnell getroffen werden, manchmal buchstäblich über Nacht. Hier zeigt sich der Vorteil klarer Verantwortungsstrukturen, in denen bestimmte Positionen mit bestimmten Befugnissen ausgestattet sind. Die Kunst ist sicherlich, im Tagesgeschäft ein Führungsverständnis zu leben, das den Neigungen der Führungskräfte und Mitarbeitenden entgegenkommt, aber das sofortige Umschalten in den Notfallmodus erlaubt.

Oft im Diskurs vergessen, hier als relevantes Phänomen erläutert: Es ist in Organisationen ab einer gewissen Größe noch immer eine Herausforderung, selbst hochgradig talentierte oder leistungswillige Nachwuchskräfte auf der Unternehmensführungsebene sichtbar zu machen. Diese Sichtbarkeit dürfte in einem kleiner werdenden Nachwuchspool endgültig wettbewerbskritisch sein – wer seinen Nachwuchs kennt, kann ihn früh einbeziehen und entwickeln. Zumindest in Konzernen mit ihrer riesigen internationalen Belegschaft dürfte der Talent- oder Nachwuchsmangel die Sichtbarkeit der jungen Generation nicht automatisch in hinreichendem Maße steigern. Jene relevante Sichtbarkeit des Nachwuchses zu fördern muss also in unserer weiteren Konzeption eine maßgebliche Rolle spielen.

Schließlich rufen uns einige Stimmen den Sinn einer Unternehmung wieder ins Gedächtnis: nämlich Werte zu schaffen und Gewinn zu erzielen. Diese Grundvoraussetzung wird in vielen Diskussionen über die Art und Weise des zukünftigen Arbeitens tatsächlich vergessen.

Davon unberührt bleibt die Tatsache, dass Deutschland und Europa eine Verknappung an qualifizierten Nachwuchskräften erfahren und dass von diesen Nachwuchskräften wiederum ein hoher Prozentsatz keine Führungsrolle klassischen Zuschnitts mehr ausüben möchte. Einzelne Gegenbeispiele heben empirisch gesicherte Strömungen nicht auf.

Insoweit haben die Einblicke in den Führungsgesprächen zumindest qualitativ gezeigt, dass es Trends bei der jungen Generation gibt und sich das Verständnis einer guten – im Sinne des Buches einer erfolgversprechenden – Führung in der Breite verändert

148 Die detaillierte Auswertung befindet sich im Postscript.

hat. Dieses neue Führungsverständnis ist kein Einzelphänomen. Doch die Schlussfolgerungen müssen mehrdimensional sein, denn die Debatte über die Lösungsansätze mit Bezug zur *New Work* blendet zu viele praktische Verhältnisse und Bedingungen aus. Ein Trend beleuchtet eben immer die quantitative Seite, nicht die qualitative.

Versuchen wir daher, mit den folgenden Vorschlägen brauchbare Antworten zu finden.

10 Es führt, wer Verantwortung übernimmt

10.1 Ein neues Führungsverständnis etablieren – aber wie?

Was Führung nach klassischem und modernem Verständnis überhaupt ist, haben wir definiert. Ebenso haben wir festgestellt, dass eine Organisation ohne Führung nicht auskommt – quasi ein Axiom, das mit zunehmender Größe einer Organisation und Kompliziertheit der Produkte oder Dienstleistungen an Dominanz gewinnt. Die *Führungsgespräche* mit höchst unterschiedlichen Personen untermauen diesen Befund über den Wandel der Zeit eindrucksvoll.

Der Ansatz einiger Unternehmen, neben der klassischen Führungslaufbahn beispielsweise auch die Projektleitungs- und Expertenlaufbahn anzubieten, existiert schon lange und hat bisher – nach allem, was man weiß – auch funktioniert. Dagegen steht jener bei der Generation Z vermehrt beobachtete Trend, Führungsverantwortung und Aufstieg nach klassischem Muster abzulehnen oder mindestens als unattraktiv zu empfinden. Anekdotisch können wir aus unserer Beratungspraxis berichten, dass sie mit ihrer Haltung durchaus auch andere Alterskohorten infizieren können. Wenn dieser Trend anhalten sollte, und alles spricht dafür, erkennen wir einmal mehr die Grenze der bisher bewährten Ansätze.

Es ist an der Zeit, neben den erforderlichen und bereits beleuchteten *persönlichen* Qualifikationen eine neue *strukturelle* Dimension ins Spiel zu bringen.

10.1.1 Bisher filtert man zu oft neue Gesichter mit alter Präferenz heraus

Vermeintliche Abhilfe schafft *New Work*. Hier gibt es den Ansatz, mit vornehmlich flachen Hierarchien und agilen Frameworks – fraglos eine strukturelle Dimension – den Führungsbedarf einer Organisation zurückzuschrauben. Jedenfalls ist das die Absicht. In der Praxis stellt sich dies nicht selten als gewaltiger Trugschluss heraus, wie allein unsere vielfältigen Einblicke zeigen.

Abgelaufen ist hingegen das Haltbarkeitsdatum des traditionellen Führungsbilds. Das haben viele Organisation auch durchaus verstanden, gleichwohl begehen sie bisher reflexartig den immergleichen Fehler: Sie versuchen, die junge Generation anzusprechen und bieten durchaus neue Entwicklungsmöglichkeiten an, beispielsweise durch hybrides Arbeiten im Büro und von zu Hause oder durch die Organisation der Arbeit in einem agilen Framework. Aber wenn es um die Führungsverantwortung geht, dann fallen zu viele Unternehmen in die alten Glaubenssätze und Erwartungen zurück: Echte Führungskräfte haben disziplinarische Personalverantwortung zu übernehmen, sich an den materiellen Insignien ihrer Stellung (Auto, Büro etc.) zu erfreuen und sollen im Zweifel durch ihre hierarchische Stellung und Ermächtigung entscheiden, notfalls über andere hinweg. Aber ja, in Notsituationen muss eine Führungskraft Letzteres tatsächlich tun, nicht umsonst heißt es *verantwortlich zeichnen*. Allein, Ausnahmen sollten nicht zur Regel werden.

Doch grundsätzlich signalisiert man den potenziell an Führungsverantwortung Interessierten, dass die althergebrachten Spielregeln in den Führungsrängen nach wie vor gelten – ja, dass diese Ränge selbst den alten Spielregeln entspringen. Die Folge: Aus der jungen Generation, also aus dem Talentpool, schlagen eher diejenigen eine Führungslaufbahn ein, die sich von diesen traditionellen Werten angesprochen fühlen.

Immerhin, es werden durchaus neue Arbeitsformen erprobt. So hält die Agilität Einzug oder man agiert hybrid von zu Hause aus und im Büro. Aus vielerlei Gründen, die meisten haben wir in diesem Buch angerissen, bleibt *New Work* allerdings begrenzt auf Inseln, zumal in größeren Organisationen. Auf diesen Inseln darf reges agiles Treiben herrschen und *New Work* gefeiert werden, doch darüber hinaus nicht, auch wenn gern anderes behauptet wird. In den Köpfen der Topführungskräfte, diesen Eindruck kann man gewinnen, herrscht immer noch folgende Denke: Die auf der Insel machen ›irgendetwas mit Agil‹, das ist toll, doch wir hier arbeiten derweil ›richtig‹. Wir schaffen überhaupt erst die Voraussetzung für deren – zugegeben zukunftsgerichtetes und daher irgendwie doch notwendiges – Treiben. Wozu führt diese Haltung? Die Insulaner bleiben Insulaner, wer heute Scrum Master ist, bleibt dies wohl nicht ewig – aber ob sie oder er die Insel verlassen wird, irgendwann überhaupt noch verlassen darf, wenn eigentlich der Wechsel in eine höhere Führungslaufbahn anstünde?

Sollte sich das grundlegende Führungsverständnis nicht ändern, werden den Unternehmen auch zukünftig viele Talente und ›Performer‹ mit Potenzial für einen höheren Wirkungsgrad und weiteren Wirkungskreis entgehen. Das darf angesichts der Talentverknappung, die noch dramatisch zunehmen wird, nicht sein! Man kann nicht ernsthaft eine Erneuerung und damit eine erfolgreiche(re) Zukunft erwarten, wenn das Neue nur Beiwerk bleibt, aber nicht zum Kern gehört. Um zu dieser Erkenntnis zu gelangen, braucht es keine hellseherischen Fähigkeiten, sondern es gilt nur die Augen aufzumachen und sich anzuschauen, wie die Realität aussieht. Fast erschreckend, dass man diese Bestandsaufnahme noch in den 2020er-Jahren machen muss.

10.1.2 Langjährige Führungskräfte sollen sich ändern – klappt das?

Gleichwohl, es passiert schon etwas, das Verständnis moderner Führung wandelt sich im Diskurs. Die moderne Führungskraft, das haben wir eruiert, soll empathisch und verständnisvoll sein, soll ihren Mitarbeitenden dienen, darf im Falle von Unwissen nicht vorgeben, etwas zu wissen, soll sich überhaupt und ganz allgemein zurücknehmen – und noch vieles mehr. Was ist daran verkehrt? Zunächst nichts, diese Eigenschaften und Verhaltensweisen sind, für sich genommen, ehrenvoll.

Doch kann man sie so einfach erlernen, erfahren, abrufen? Zumal wenn sich das ganze Umfeld, also die unmittelbaren Kolleginnen und Kollegen sowie womöglich zentrale Prozesse nicht ändern oder vor dem gleichen Anpassungsprozess stehen? Diese Gemeinsamkeit kann im Idealfall verbinden, doch die Erfahrung aus der Praxis zeigt eher, dass der Veränderungsprozess in einem solchen Umfeld noch schwerer fällt. An zu vielen Stellen und bei zu vielen Gelegenheiten kann man in alten Gewissheiten schwelgen: Früher war nicht alles schlecht, sonst wären wir doch nicht dahin gekommen, wo wir jetzt sind!

Abgesehen davon sollte man sich ohnehin von der Illusion verabschieden, Menschen ändern zu können. Es gibt genügend Studien und eben Erfahrungswerte, dass zwar gewisse Verhaltensanpassungen, ja sogar Erkenntnisgewinne möglich sind, dass jedoch die Menschen ganz überwiegend ihre Glaubenssätze selten über Bord werfen und ihre Persönlichkeit erst recht dieselbe bleibt. Natürlich, im harten Wettbewerb sind selbst kleine Schritte in die richtige Richtung wichtig und ermunternd. Doch das Rennen gewinnt man so nicht.

10.1.3 Löst das Arbeiten in Frameworks das Führungsproblem?

Aus den USA ist das Konzept des Arbeitens in einem *Framework* zu uns gekommen, ich habe es bereits im Zusammenhang mit agilem Arbeiten erwähnt. Das Framework als regulierte und sich selbst regulierende Form der Arbeitsorganisation hat den vordergründigen Charme, dass es qua Konzept allein auf der Basis einer Rollenautorität funktioniert, nicht aufgrund von persönlichen Machtstellungen oder disziplinarischer Weisungsbefugnis. Alles läuft ritualisiert und quasi im Rahmen der Vernunft ab, wodurch sich Prozesse beschleunigen und Arbeitsergebnisse verbessern, so der Gedanke.

Das kann funktionieren, doch in der Realität menschelt es oft genug. Außerdem müssen immer wieder Entscheidungen von potenziell strategischer Dimension, auch im Hinblick auf die Kundenbeziehungen, oder von schlicht kritischer finanzieller Tragweite getroffen werden. Das bringt die bekannten Frameworks schnell an die Grenze, dazu später noch mehr.

10.1.4 Löst das Arbeiten in einer Matrixorganisation das Führungsproblem?

Auf den ersten Blick ist die Lösung in Form der hinlänglich bekannten Matrixorganisation bereits vorhanden. So wird in einer Matrixorganisation in der Regel zwischen disziplinarischer und fachlicher oder funktionaler Verantwortung unterschieden, sodass es für beide Dimensionen unterschiedliche Führungskräfte gibt. Die Teammitglieder berichten also an zwei Personen. Dieses Konstrukt kann funktionieren, wenn die Machtverhältnisse ausgewogen sind und sich alle Beteiligten grundsätzlich gut verstehen. Natürlich ist Letzteres beileibe nicht immer der Fall. Außerdem kommt erschwerend hinzu, dass Matrixorganisationen selten ausgewogene Machtverhältnisse aufweisen.

Allzu oft behält die disziplinarische Stelle das letzte Wort, womit in ironischer Weise der Hauptvorteil dieser Organisationsform konterkariert wird. Der größte Nachteil in unserer Sache erwächst aus diesem Phänomen eher als Folgeerscheinung: die Autoritätsuntergrabung der funktional Verantwortlichen. Kommt es zum Konflikt, ziehen sie den Kürzeren. Sie dürfen und können auch dann nicht durchgreifen, wenn es geboten wäre. Abgesehen davon trifft man nicht einmal zwingend den organisatorischen Idealzustand an, in dem das fachlich zugeordnete Team nur für einen funktionalen Vorgesetzten arbeitet. Gerade in Projektorganisationen – auch sie müssen zu den Matrixorganisationen gezählt werden – ist dieses Limit alles andere als selbstverständlich.

Nicht selten laufen mehrere Projekte oder Programme parallel. Spätestens dann ist die Matrixorganisation nicht mehr tauglich als umfängliches Modell für moderne Führungsansätze. Sie stellt dort eher ein Teilmodell dar, in dem die funktionalen Vorgesetzten vor allem die Arbeit koordinieren und deren Qualität kontrollieren, jedoch kaum in der Lage sind, auf die Teammitglieder einzugehen. Mehr als in zwei Teams gleichzeitig kann man nach meinem Ermessen kaum arbeiten, wenn man sich in der Interaktion mit der funktionalen Führungskraft gezielt entwickeln möchte.

Der Idealzustand gemäß unserem neuen Führungsverständnis würde den funktionalen Führungskräften in einer Matrixorganisation eventuell sogar mehr Verantwortung zuweisen (müssen) als den disziplinarischen Vorgesetzten. Deren erste Aufgabe wäre es, nur dann in Aktion zu treten, wenn etwa vertragliche Themen, Gehälter, Weiterentwicklungspfade oder auch Stellenwechsel auf der Agenda stünden. Alle anderen Themen bis hin zur Einsatzplanung oder Konfliktlösung wären Sache der funktionalen Vorgesetzten. Nach unserer Beobachtung wird dies aber so gut wie nie gelebt, und noch zu selten wird eine Matrixorganisation präzise unter Führungsgesichtspunkten oder gar mit Blick auf ein systematisches Führungscurriculum schon in der Ausbildung betrachtet. Sie ist eher das Ergebnis einer Kostenbetrachtung unter bestimmten Annahmen und Voraussetzungen oder einer organisatorisch begründeten Verfügbarkeit der Menschen.

Die Matrixorganisation bietet also in der Tat einen vielversprechenden Ansatz, wenn sie konsequent aus der Führungsperspektive und den damit verbundenen Anforderungen an Organisation, Ermächtigung und Befähigung – beziehungsweise Ausbildung – gelebt wird. Doch sie steht gerade für die Notwendigkeit von Führung an sich, eignet sich also keinesfalls als Modell zur Verringerung des Führungsbedarfs, egal welcher Ausprägung.

10.1.5 Frameworks und Egalitarismus können die Bürokratie sogar erhöhen

Je flacher die Hierarchien, desto mehr Abstimmungsbedarf kann entstehen. Was absurd anmuten mag, gewinnt bei genauem Hinsehen an Bedeutung. Wenn Arbeitspakete, Entscheidungen oder doch die Arbeitsbedingungen immer erst ausgehandelt werden müssen, weil es keine offizielle Führungsinstanz gibt, kann in sehr diversen, heterogenen Teams alles anstrengend und langatmig werden. Umgekehrt fördern manche Frameworks, besonders *Scrum*, eher die Arbeitsverdichtung als Agilität im Sinne von höherer Kreativität oder organisatorischer Flexibilität.

In jedem Falle erfordert das Arbeiten in Frameworks erst das Erlernen und Einüben der Regeln des Frameworks, denn innerhalb des Regelwerks sind Abweichungen oder spontane Eingebungen eher unerwünscht. Daher sind Frameworks untereinander auch nicht oder nur wenig kompatibel. Die ›Insulaner‹ lassen grüßen. So gesehen können Frameworks im unglücklichen Fall sogar die organisatorische Komplexität eines Unternehmens erhöhen.

10.1.6 Der Blick in die USA

Ein Blick in das Ursprungsland der Frameworks, eben die USA, erklärt Weiteres. Im Gegensatz zu vielen europäischen Unternehmen ist die Fluktuation in US-amerikanischen Unternehmen oft deutlich höher. Auch ist die berufliche Erstausbildung der Mitarbeitenden oft nicht fundiert, sodass Training on the Job noch viel wichtiger ist als in vielen europäischen Unternehmen – und deutschen allzumal.

Folglich hilft den immer wieder neuen Mitarbeitenden jede formale Orientierung, schnell produktiv zu werden. Frameworks eignen sich dazu hervorragend – einmal erlernt, ›fluppt‹ es und das Team oder der Squad oder welche Einheit auch immer zieht einen zusätzlich mit. Eine gewisse Bürokratie oder Rigidität gereicht hier zwar zum Vorteil, doch vergessen wir nicht, dass die Bedingungen in den USA speziell sind. Obwohl den Deutschen nachgesagt, pflegen und lieben US-Unternehmen ihre Bürokratie definitiv. Sie können es sich leisten. Auf der anderen Seite haben sie nämlich keine Probleme mit harten, schnellen Entscheidungen, denn das Top-down-Prinzip zählt am Ende aus wirtschaftlichen Gründen doch und ist kulturell auch bis zur letzten Konsequenz der Personalverringerung akzeptiert. Führung wird also sehr wohl gezeigt und fegt im Notfall die Komplexität der Bürokratie und jedes Framework hinweg.

10.1.7 Holistischer Ansatz – für die neue Führung das Beste aus den Welten

Ziehen wir also folgendes Zwischenfazit:

- Das Verständnis von Führung hat sich in den letzten Jahren geändert, jedoch fällt etablierten Führungskräften die Umstellung schwer und oftmals ändern sich die organisatorischen Strukturen nicht.
- Die junge Generation zeigt sich in einer offenbar kritischen Masse nicht an Führung nach tradiertem Verständnis interessiert.
- Moderne Arbeitsformen als ein Rettungsversuch, wie etwa agile Frameworks, reduzieren den Bedarf an Führung nur vordergründig.
- Viele moderne Frameworks oder auch Glaubenssätze stammen aus einer gesellschaftlichen und unternehmensbezogenen Kultur, die der deutschen und europäischen in einigen, darunter wesentlichen Teilen nicht entspricht.
- Die nahe Zukunft wird noch stärker von Talentverknappung, aber nicht von schwindendem Führungsbedarf geprägt sein.

Was also tun? Ich sehe die Lösung in der systematischen und damit institutionalisierten Verbindung der Welten. Die junge Generation muss auch dann stärker in die Führung des Unternehmens eingebunden werden, wenn sie ausschließlich in einer agilen und hierarchiearmen oder gar – formal, nicht zwingend faktisch – hierarchielosen Umgebung arbeitet. Sagen wir es pointiert: Es dürfte weitgehend aussichtslos bleiben zu versuchen, den Nachwuchs für eine Laufbahn zu *gewinnen*, wenn dieser ihr *nichts abgewinnen* kann.

Die große Chance sehe ich in einem erweiterten Verständnis von Führung, das abrückt von der eher einengenden traditionellen Sicht. Führung muss in neue Organisationsformen und Frameworks ebenso eingebunden werden wie in die neuen Rollen – aber eben nicht mit altem Verständnis und nicht ausschließlich mit den traditionellen Führungsaufgaben.

Definitiv möchte die junge Generation zu einem großen Teil *Verantwortung* übernehmen, nur nicht unbesehen in traditioneller Form. Sie möchten durchaus gestalten und für ihr Schaffen verantwortlich sein – auch wenn sie von den Folgen womöglich nur eine diffuse Vorstellung hat. Diesen entscheidenden Hebel sollte man zum Wohle aller Beteiligten nutzen, auch wenn er sich nicht so einfach umlegen lässt, sondern oft genug ein Heranführen erfordert.

10.1.8 Die übernommene Verantwortung bestimmt die Führung

Ich schlage daher eine Art *direkter* und *indirekter* Führung vor, in einigen Managementlehren bereits als *disziplinarische* und *fachliche* oder *funktionale* Führung bekannt. Von essenzieller Wichtigkeit ist aber nun, dass auch die funktionalen Nachwuchs- und Führungskräfte in das existierende oder neu zu schaffende *Führungscurriculum des Unternehmens* aufgenommen werden. Bisher ist dies, bis auf vielleicht sehr wenige Ausnahmen, den disziplinarisch Verantwortlichen vorbehalten.

Führungsrahmen nach dem Prinzip der Verantwortungsübernahme (›Verantwortungsführung‹)

- Neuaufsatz des Führungsverständnisses durch die Gleichberechtigung von *direkter* (= disziplinarischer) und *indirekter* (= fachlicher oder besser funktionaler, also rollenbezogener) Führung. Beide Arten von Führungskräften sind voll in das Entwicklungs- und Weiterbildungscurriculum für (Nachwuchs-)Führungskräfte des Unternehmens eingebunden, sie können zwischen den Laufbahnen jederzeit wechseln.
- *Disziplinarische Führungskräfte* übernehmen klassische Personalverantwortung, sie können einstellen, beurteilen und entlassen; darüber hinaus unterschreiben sie bei Geschäftsvorfällen und können oder müssen, je nach Ermächtigung, das Unternehmen rechtlich nach innen und außen vertreten.
- *Funktionale Führungskräfte* haben vor allem koordinierende und, zu einem gewissen Teil, fachliche Verantwortung; sie können Personal fach- oder rollenbezogen anweisen und Beurteilungen mit vornehmen; weitere Ermächtigungen und Befähigungen ergeben sich aus dem Rollen- und Arbeitskontext ebenso wie aus den Bedarfen oder Gepflogenheiten des Unternehmens.
- Bestimmt wird das Führungsverständnis durch *den Grad und die Art der übernommenen Verantwortung*, nicht mehr durch die reine Funktion, Position oder disziplinarische Befugnis.
- Appelliert wird nicht an das vermeintliche Streben nach Prestige, Status, Mehrgehalt – appelliert wird an das Verlangen, seinem Handeln einen Sinn und Zweck zu geben und andere zu gewinnen, am gemeinsamen sinnvollen Projekt zu arbeiten und für dieses *verantwortlich* zu sein (wer dabei auch nach Status strebt, bekommt ihn ja gleichwohl automatisch).
- Beide Arten von Führungskräften können, egal auf welcher Hierarchie- oder Senioritätsstufe,
  - *Leadership* zeigen,
  - *Verantwortung* übernehmen und
  - *Entscheidungen* treffen,

  ja sie werden nach dem neuen Verständnis sogar dazu ermuntert.

Zu den bekannten Positionen und Rollen von Führungskräften gesellen sich also neue. Wenn wir ein erweitertes, zukunftssicherndes Führungsverständnis ernst nehmen, dann müssen wir beispielsweise Rollen aus der agilen Arbeitswelt wie etwa

- Product Owner,
- Scrum Master,
- Squad Leader etc.,

aber auch typische funktionale Rollen der traditionellen Arbeitswelt wie

- Projektleitung,
- Programmleitung,
- Leitungsrollen im Stab etc.

als Rollen mit Führungsverantwortung – eben *funktionaler* – betrachten. Nur so lässt sich auch verhindern, dass sich ganz automatisch weiterhin alle Macht bei den klassischen Positionen ansammelt, schon weil die neuen Rollen in relevanten klassischen Führungszirkeln, -gremien oder -pools nicht vertreten sind.

Ein neues Führungsverständnis unter Einbezug der neuen Rollen hat unmittelbar positive Auswirkung auf ihre Sichtbarkeit, ihre Entwicklungsmöglichkeiten und auch auf die Anforderungen, die an sie gestellt werden. Die neuen Führungskräfte sind nun Teil der strategischen Personalreserve für höhere Positionen oder erweiterte Führungsaufgaben – was aber selbstverständlich *nicht* die Erwartungshaltung implizieren darf, dass ein klassischer Aufstieg angestrebt werden *muss*.

Diese Offenheit der Karrierewege ist unbedingt im offiziellen Curriculum des Unternehmens zu verankern und auch so zu kommunizieren, um einerseits keine falschen Erwartungen zu wecken und andererseits niemanden abzuschrecken. In einer Organisation, die sich auf einen neuen Weg begibt, muss man einander unbedingt vertrauen, wenn das Unterfangen erfolgreich sein soll. Ohne Vertrauen kann keine Zuversicht entstehen und auch keine Zusammenarbeit, die zumindest teilweise oder vorübergehend nicht mehr auf den eingefahrenen Stellenbeschreibungen und Verantwortlichkeiten beruht.

10.2 Wann Verantwortung vor allem Führung bedeutet

Zwar schärfen wir in diesem Buch das Konzept des Führens nach dem Verantwortungsprinzip. Allerdings impliziert die bloße Übernahme von Verantwortung in einer Rollenausübung noch keine Führungskomponente.

Sehen wir uns zur Verdeutlichung die handelnden Personen in einem Scrum-Framework an.[149] Beginnen wir mit dem *Development Team*, das in einer Scrum-Organisation arbeitet und – bei strikter Auslegung des Frameworks – nahezu selbstgesteuert Ver-

149 Vgl. Agile Heroes/Schwaber, Ken (2019): Powerbook Scrum Master + Product Owner. Agile Heroes GmbH, akkreditiertes Trainingsinstitut für deinen Erfolg/Scrum.org.

antwortung übernimmt. In ihrer Arbeitsphase, dem Sprint, übernehmen die Mitglieder des Development Teams die Verantwortung zur Erstellung des Produkts, soweit es im Sprint entwickelt werden kann. Ist der Sprint vorüber, gibt es die Sprint Review, in welcher das Increment, also das Arbeitsergebnis, besprochen und begutachtet wird. Sodann wird im folgenden Sprint das nächste selbst gewählte Arbeitspaket selbstgesteuert abgearbeitet.

Ich habe den Ablauf hier etwas vereinfacht dargestellt, was aber meinen Punkt nur noch deutlicher macht. Jedes Mitglied des Development Teams arbeitet hochgradig eigenverantwortlich und es kann, etwa bezogen auf die Wirkung des erstellten Produkts, einen immensen Anteil an Verantwortung übernehmen. Doch leiten die Development-Teammitglieder andere Personen, mit denen sie interagieren, an? Müssen Akteure außerhalb des Development Teams standardmäßig Leistungen erbringen, deren Erledigung das jeweilige Development-Teammitglied koordiniert? Nach der reinen Lehre: nein.

Anders ist die Lage bei den zwei anderen Protagonisten im Scrum Framework, nämlich *Product Owner* und *Scrum Master*. Product Owner stehen für den Erfolg des Projekts gerade, sie orchestrieren etwa die Definition der Produkte, übernehmen die Abstimmung mit dem Kunden und geben Arbeitsergebnisse – Increments – frei. Die Scrum Master werden von Ken Schwaber als *Servant Leader* bezeichnet und kümmern sich darum, dass das Arbeiten im Scrum Framework optimal ermöglicht wird und Hindernisse – Impediments – aus dem Weg geräumt werden. Zudem fungieren sie als Coach. Product Owner und Scrum Master interagieren also stark mit anderen Stellen und Personen im Unternehmen sowie extern mit dem Auftrag, ein Ergebnis herbeizuführen oder mindestens zu ermöglichen. Dazu müssen sie andere Menschen überzeugen, koordinieren und womöglich auch sanktionieren. Doch sind agile Rollen im Führungscurriculum der meisten Unternehmen verankert und werden sie als Führungsrollen begriffen? Nach allem, was man beobachten kann, eher nein.

Schauen wir uns noch ein Beispiel aus der klassischen Organisation an: die Customer-Case-Managerin eines Unternehmens, die als Instanz in ihrem Verantwortungsrahmen über Reklamationen entscheidet. Die Stellenbezeichnung weist sie als Managerin aus, aber muss sie andere Menschen koordinieren und bei ihnen sogar Ergebnisse oder Entscheidungen herbeiführen? Nun, es kommt darauf an, je nach Auslegung der Stelle, vielleicht je nach Größe des Unternehmens oder der Organisation des Beschwerdemanagement-Prozesses. Eine pauschale Antwort lässt sich nicht geben.

Ob ein Aufgabengebiet, eine Verantwortungsübernahme auch eine Führungskomponente beinhaltet, geht also weder aus Stellenbezeichnungen oder Titeln noch per se aus Rollen hervor. Vielmehr muss jede Organisation selbst festlegen, wie weit der Rahmen gesteckt wird.

Ich schlage daher folgende Definition vor:

Definition: Führungsverantwortung

Führungsverantwortung im Sinne des Verantwortungsprinzips liegt vor, wenn das zu liefernde Ergebnis, für das eine Person – eben die Führungskraft – geradesteht, von mehreren anderen Personen abhängt,

- die als virtuelles oder institutionalisiertes Team koordiniert werden müssen beziehungsweise
- deren Arbeitsbeiträge oder Entscheidungen mindestens koordiniert werden müssen, jedoch bei Bedarf auch eingefordert werden dürfen.

Das bedeutet, eine Führungskraft muss qua Aufgabenerfüllung mit mindestens einer weiteren Person, besser zwei weiteren Personen als Zulieferern interagieren und darf diese mindestens fachlich anweisen, um ein wie auch immer geartetes, im Idealfall natürlich wunschgemäßes Arbeitsergebnis zu erhalten. Die Autorität bringt dabei die nach unserem Verständnis ausgestattete und gelebte funktionale Rolle der Führungskraft, nicht eine eventuelle disziplinarische Weisungsbefugnis. Ob dieses Team nur aus internen Kolleginnen und Kollegen oder auch aus externen Kräften zusammengesetzt sein darf, lasse ich hier offen.

Hilfreich und ermutigend ist, dass inzwischen die Managementlehre die Bedeutung des mittleren Managements, gern als *Lehmschicht* oder gar *Lähmschicht* geschmäht, wieder erkannt hat, da man dort eben umsetzt, ausbügelt und Erfolge konkret ermöglicht.[150] Das Topmanagement widmet diesen Ebenen offenbar wieder mehr wertschätzende Aufmerksamkeit. Selbst wenn der Arbeitsalltag im mittleren Management nicht immer als angenehm empfunden wird[151], nirgendwo anders als in der unteren und mittleren Führungsebene bewegen wir uns im neuen Führungsverständnis hauptsächlich, gleich den agilen Frameworks und weiteren *New-Work*-Ansätzen. Relevant sind diese eben *nicht* im Alltagsleben des Topmanagements – etwa im Sinne einer Vorstandszusammenarbeit als Scrum-Team –, auch wenn von dort entscheidende Signale der Unterstützung in die Organisation gesendet werden müssen. Die Marschrichtung kommt von oben, doch die Begeisterung muss im Bauch der Organisation geweckt und das neue Führungsverständnis muss dort gelebt werden.

---

150 Vgl. Field, Emily/Hancock, Bryan/Schaninger, Bill (2023): Führen in der Sandwichposition. In: Harvard Business manager 11/2023, S. 22 ff. sowie Laudenbach, Peter (2023): Von wegen Lähmschicht. In: Brand eins 11/2023, S. 54 ff. Der Standpunkt von Martin Noé im Manager Magazin von März 2024 ist eine der wenigen Gegenmeinungen, wobei sich Noé eher auf die möglichen Folgen von KI bezieht und weniger das mittlere Management an sich kritisiert.

151 Vgl. Beil, Julia (2023): *Warum es heute so schwer ist, Führungskraft zu sein.* In: Handelsblatt Nr. 251, 39. Dezember 2023 bis 1. Januar 2024, S. 18 ff.

10.3 Die neue Führungsverantwortung umfasst nur zwei Aufträge

Wenn wir unsere bisherigen Ergebnisse in der Gesamtschau betrachten, fällt eines vielleicht besonders auf: Während nahezu alle klassischen Führungskonzepte ein aktives Eingreifen der Führungskraft fordern, scheinen moderne Konzepte, egal ob agil oder nicht, eher auf das Gegenteil abzuzielen: proaktive Führung als Störfaktor schlechthin. Diese Schlussfolgerung wäre ein gefährlicher Irrtum. Die Frage im Kontext der Führungskräfte neuen Zuschnitts lautet eher, an wen oder was sich welche Aktionen zu richten haben.

Richtig ist: Wenn man die Regeln des neuen Führungsverständnisses nach dem Verantwortungsprinzip konsequent anwendet, gibt es nur zwei Aufträge beziehungsweise zwei Arten der Verantwortung:

Führungskräfte haben zwei Verantwortungen wahrzunehmen

1. *Ergebnisverantwortung* – die Verantwortung, dass das gewünschte Arbeitsergebnis erreicht wird.
2. *Ermöglichungsverantwortung* – die Verantwortung, dass alle an der Erarbeitung Beteiligten ihren Beitrag optimal leisten können, gegebenenfalls ihren gesamten Arbeitszuschnitt selbst schaffen können.

Mehr nicht.

Neue Führung beinhaltet die Gastgeberrolle – einer Themenparty

Die *Ergebnisverantwortung* steht klassisch für die Sicherstellung des gewünschten Arbeitsergebnisses, worin auch immer dies im konkreten Fall bestehen mag. Die *Ermöglichungsverantwortung* orientiert sich stark an agilen Organisationsmustern – die Führungskraft lässt gewähren, ist eher ermunternder *Coach* oder fürsorglicher *Gastgeber* und räumt die Hindernisse aus dem Weg.

Richtig ist aber auch: In einer stark selbstorganisierten Arbeitsumgebung – und diese setzen wir hier voraus – sollte die Führungskraft nicht eingreifen, solange die gewünschte, für den Unternehmenserfolg erforderliche und im Arbeitsauftrag des Teams enthaltene Leistung nebst Ergebnissen erbracht wird. Insoweit nehmen sich Führungskräfte zurück und, ja, sind in diesen Phasen fast überflüssig.

Wenn aber diese Leistung in Gefahr ist, beispielsweise durch

- abnehmende oder gänzlich fehlende Klarheit der Mission oder schlicht des Arbeitsauftrags,
- fachlich nicht befähigte Teammitglieder,
- persönlich nicht befähigte Teammitglieder,

- ein Klima destruktiver Konflikte,
- zu viel Harmonie bis hin zur selbstzufriedenen Trägheit,
- fehlende oder fehlerhafte Arbeitsmittel,
- eine ungünstige Arbeitsorganisation,
- eine schlechte Infrastruktur,
- von außen herangetragene massive Störungen oder weitere Hindernisse,

dann ändert sich die Lage komplett. Gerade für Führungsneulinge kann das nun Gefragte sehr schnell sehr anspruchsvoll werden. Jetzt muss die Führungskraft im Dienst der Sache und – seltsamerweise oft nicht so gesehen – der Menschen operativ einschreiten und beispielsweise

- klärende, Orientierung gebende Gespräche führen,
- Weiterbildungen anregen und auswählen,
- Konflikte lösen,
- organisatorische Verbesserungen herbeiführen,
- Entscheidungen, fallweise unter Einbindung Dritter, herbeiführen
- Entscheidungen allein treffen und durchsetzen

oder was immer zur Wiederherstellung möglichst optimaler Arbeitsbedingungen – also der Bedingungen zur Erbringung der gewünschten Leistung – erforderlich ist. Um im Bild der Gastgeberrolle zu bleiben: Es wurde zu einer Themenparty eingeladen, aber wenn sich jemand erst zurechtfinden muss, das Thema verfehlt oder aber sich sogar danebenbenimmt, dann müssen Gastgeber eingreifen.

Diese Aktionen verlangen zumeist eine intensive Interaktion mit den Akteuren von dritter Seite, oftmals geprägt durch eine große Bandbreite – von vorsichtiger Diplomatie bis hin zu offensiver Durchsetzungsstärke. Und sie verlangen den Willen sowie die Fähigkeit, Entscheidungen zu treffen, und anschließend deren Umsetzung zu sichern.

Gerade hierbei benötigen Führungsneulinge besondere Unterstützung, da sie noch unerfahren sind. Wenn man jetzt noch die vermeintliche oder tatsächliche Haltung der jungen Generation ins Kalkül zieht, liegt der Bedarf einer gezielten Unterstützung, einer maßgeschneiderten Personalentwicklung auf der Hand.

10.4 An Führung heranführen

Wir wissen nun, was *Führung* sowohl im Sinne von *Leadership* als auch im Sinne von *Management* bedeutet. Und wir wissen, dass Führung weiterhin nötig sein wird, egal wie die Arbeitsorganisation und das Personaltableau eines Unternehmens auch aussehen mögen – selbst wenn die Freunde und Förderinnen der Agilität und flachen

Hierarchien betonen, je mehr man sich ihrem Ideal annähere, desto weniger Führungskräfte seien erforderlich.[152]

Da sind wir wieder bei dem bereits erwähnten, fundamentalen Irrtum in der Betrachtung der sogenannten neuen, agilen, flachen oder gleich hierarchielosen Organisationen. Sie benötigen selbstverständlich Führung und Führungskräfte, nur keine Führungskräfte alten Schlags. Das ist ein großer Unterschied!

Insbesondere das Fällen von Entscheidungen, die zunächst und mindestens Auswirkung auf die eigene Umgebung haben, wird keineswegs obsolet. Im Gegenteil, die Entscheidungs*verantwortung* wird tendenziell auf mehr Köpfe und Schultern verteilt. Andernfalls wäre eine wirklich agile und flache Organisation auch kaum funktionsfähig. Wenn es vorangehen soll, muss an vielen Stellen einer Organisation Verantwortung übernommen werden, und zwar über Fachfragen hinaus. Dies kann eine reine Expertenorganisation nicht leisten, schon aus formaljuristischen Gründen der Unternehmensführung.

Also, wie wir es drehen und wenden, Entscheidungs- und Initiativfreudige in Ausübung von Verantwortung werden de facto weiter gebraucht. Entgegen vielen Modellen und Frameworks der neuen Arbeitswelt wollen diese Verantwortlichkeiten einfach nicht verschwinden. Jemand muss sie also annehmen.

Wenn wir jetzt das weithin gezeichnete Bild der Young Professionals hinzuziehen, von denen ein merklich großer Anteil

- nicht sehr selbstständig (wohl aber selbstzufrieden) ist,
- ungern Verantwortung außerhalb eines geschützten Raums übernimmt,
- unter Belastung einbricht,
- viel persönlichen Freiraum fordert, auch in puncto Arbeitszeit,
- mit Kritik nur schwer umgehen kann, sondern hypersensibel reagiert und in einer nicht unbesehen positiven Rückmeldung kaum die Chance zur persönlichen Weiterentwicklung sieht,[153]

dann ist eine Organisation aufgefordert, ein Klima zu schaffen, um die Young Professionals an die Verantwortungsübernahme und damit an die Führung quasi heranzuführen. Die HR-Beraterszene ist sich übrigens uneins, ob und inwieweit man auf die Wünsche der Nachwuchskräfte eingehen sollte – manche sind strikt dagegen, andere dafür, wieder andere plädieren für eine Art Mittelweg.

152 Als Beispiel verweise ich auf die Thesen von Domke, Ulla/Granica, Martin (2019), wobei ich viele praxisgerechte Ansätze von Domke/Granica ausdrücklich zur Nachahmung empfehle.

153 Vgl. Deters, Jannik et alii (2022): Diese jungen Leute… in: WirtschaftsWoche 37/2022.

Ich sehe in jedem Fall, dass man sich den Nachwuchs nicht ›kneten‹ kann, sondern er ist nun einmal da oder nicht. Wenn er nicht da ist, dann läuft eine Organisation langsam leer und muss den Betrieb irgendwann einstellen. So weit, so trivial. Gerade die mittleren Führungspositionen, die es zumindest in großen Organisationen reichlich zu besetzen gilt, werden immer wieder negativ beschrieben.[154] Diese Darstellungen bieten in der aktuellen Problemlage kaum Lösungen, doch immerhin beschreiben sie die hinderlichen Ausprägungen traditioneller Strukturen und Führungskultur und damit den Handlungsbedarf.

Also bleibt, vor allem die *Chancen* in den Generationsumbrüchen zu sehen, die überdies mit den beschriebenen Organisationsumbrüchen des *New-Work*-Ansatzes einhergehen. Wir befinden uns ja im Grunde schon im Veränderungsmodus. Warum also diese Dynamik nicht gleich auf die Führungsfrage übertragen!

Dazu muss für die junge Generation – und wiederum, wer weiß, auch für manche reiferen Jahrgänge – Führung attraktiv werden. Oder drücken wir es noch deutlicher aus:

Führungsaufgaben müssen den vermeintlichen Schrecken verlieren! Neu gedachte Führungsrollen und Karrierewege können zudem auch dem ambitionierten Nachwuchs frühe und attraktive Perspektiven bieten.

Wenn Führen in einem kritischen Maß nicht mehr positiv besetzt ist, dann muss man aktiv gegensteuern. Diese Anstrengung muss das ganze Unternehmen erfassen und an der Spitze beginnen. Das Topmanagement darf dabei nicht nur den Segen geben, sondern sollte die gesamte Führungskräfteentwicklung aktiv unterstützen – am besten im eigenen Bereich, beispielsweise indem Vorstandsassistenzen, die typischerweise als Kaderschmiede gelten, nach dem neuen Führungsverständnis ausgestaltet werden. Das bedeutet, Raum für Lernen und Experimente zu schaffen!

10.4.1 Die Ambitionierten nicht vergessen

Vor allem dürfen wir nicht nur das klischeebeladene Bild der jungen Generation im Kopf haben. Die Interviews in diesem Buch haben – neben meinen bereits erwähnten Erfahrungen als Hochschuldozent – auch gezeigt, dass es nach wie vor hoch ambitionierten Nachwuchs gibt, für den aber möglicherweise gar nicht genügend Führungspositionen zur Verfügung stehen.

154 Vgl. Beil, Julia (2023): Warum es heute so schwer ist, Führungskraft zu sein. In: Handelsblatt Nr. 251, 29. Dezember 2023 bis 1. Januar 2024, S. 18 ff.

Ein neues Verständnis von Führung und damit einhergehende neue Karrierewege, Anerkennung und Sichtbarkeit kann die Bindung des Nachwuchses zum Unternehmen erhöhen. Gehen diese ambitionierten jungen Leute in traditionellen Organisationen womöglich recht schnell wieder, wenn sie ihre kurzfristigen Karriereziele nicht erfüllt sehen, bieten ihnen Organisationen mit einem flexibleren, nicht auf die Kaminkarriere ausgelegten Führungsverständnis deutlich mehr Projektionsfläche. Diese Chance darf sich kein Unternehmen entgehen lassen.

10.4.2 Anbieten, säen – und auf fruchtbaren Boden hoffen

Einmal mehr sei gesagt, dass man Menschen nicht nachhaltig zur irgendetwas motivieren kann, was sie nicht selbst für sich entdecken und annehmen. Man kann ihnen Angebote machen, wenn sie eine grundlegende Begeisterungsfähigkeit mitbringen, und dann hoffen, dass diese Begeisterungsfähigkeit sich auf das Angebot überträgt.

Ein passendes Beispiel findet sich bereits bei Tom Peters, der wiederum seinen ähnlich renommierten Kollegen Robert Schaffer zitiert: »Nimm eine Filiale, deren Leiter an Innovation und Fortschritt interessiert scheint. Arbeite darin mit einem Verkäuferteam zusammen, um den Umsatz bei einigen wenigen Produkten zu steigern (...) Sobald greifbare Ergebnisse vorliegen, sollen die Verkäufer selbst sagen, wie der Test ausgeweitet werden kann.«[155]

Der Clou bei diesem Ansatz: Es geht bei dem vorgestellten Fall weder um Führung noch um Nachwuchskräfteentwicklung, sondern um Innovationsmanagement. Die Führungsweisheit liegt dahinter versteckt. Es kommt Schaffer und Peters gar nicht in den Sinn, irgendwen für das avisierte Innovationsprojekt zu fragen, der *nicht* a priori an der Sache interessiert ist.[156] Und sie übertragen am ersten möglichen Meilenstein die Verantwortung an die Handelnden selbst.

Na bitte, die wichtigsten Anforderungen an ein modernes Führungsverständnis sind erfüllt – dass diese Erkenntnis bereits in 1970er-Jahren vorlag, mag erstaunen und ist ein praxisrelevanter Hinweis, erst zurückzublicken, bevor man nach vorn sieht. Vielleicht findet man brauchbare Erkenntnisse, sodass man das sprichwörtliche Rad nicht zweimal erfinden muss.

155 Peters, Thomas J./Waterman Robert H. (1993): Auf der Suche nach Spitzenleistungen. S. 181.

156 Vgl. Schaffer, Robert H. (1988): The Breakthrough Strategy. Using Short Term Success To Build The High Performance Organization. Ballinger Publishing Company. S. 71 f., hier besonders das Kapitel »Exploit Existing Readiness – Don't Try to Create New Readiness«.

10.4.3 Raum für Experimente – auch die Etablierten lernen dazu

Diesen Raum für Experimente aber, der bei Peters fast en passant abgehandelt wird[157], sollten wir in unserem neuen Verständnis als zentralen Baustein für die Herausbildung und Einübung von Führung hernehmen.

Nachwuchskräfte sollten Führung im Experimentierraum erlernen, um die notwendige *Verantwortungsfähigkeit* zu erlangen. Die Verantwortungsfähigkeit ist das Bindeglied zwischen der strukturellen und persönlichen Komponente der Führung. So ist der Grad der Verantwortung in der Organisation festgelegt, die Verantwortungsfähigkeit hingegen Teil der persönlichen Qualifikation. Im höchsten Reifegrad einer solchen Organisation legen die Handelnden ihre Verantwortung selbst fest.

Dieser Experimentierraum ist natürlich nicht wörtlich zu verstehen, sondern es handelt sich um ein Regel- und Verhaltenswerk, integriert in die Unternehmenskultur. Noch viel stärker als bisher müssen Nachwuchsführungskräfte in einem geschützten Raum an Führung und die damit verbundenen Aufgaben herangeführt werden.

Zu diesem geschützten Experimentierraum gehört mindestens

- ein organisatorischer Rahmen in puncto Arbeitszeit und Arbeitsort, der der Nachwuchskraft entgegenkommt,
- ein systematisches Einüben der Rückmeldung bis hin zu einem konstruktiven Kritikverständnis,
- das systematische Heranführen an die Gewährung von bzw. den Umgang mit Freiraum,
- die systematische Vermittlung und Einübung der Mechanik von Entscheidungen mit Tragweite für andere,
- die dauerhafte Ermunterung, etwas zu wagen, und das Misslungene als erwarteten Teil der Lernkurve zu betrachten, während das Positive umso stärker betont wird,

damit eine Organisation die vorhandene Einsatzbereitschaft der Nachwuchskräfte und Entwicklungsinteressierten in ein dauerhaftes Interesse an Führung ummünzen kann.

Heißt das also doch zwingend, den Wünschen der auserkorenen oder tatsächlich sich selbst ins Rennen gebrachten Mitarbeitenden nachzugeben? Nein, jedoch sollte man einander entgegenkommen und so eine gemeinsame Basis schaffen. Es gibt viele Möglichkeiten, sich in der sprichwörtlichen Mitte zu treffen und alle Generationen einer Organisation mitzunehmen. Wer sagt denn etwa, dass die langjährigen Führungskräfte und Teams beispielsweise das phasenweise Arbeiten von zu Hause oder eine

157 Vgl. ebd., S. 179 ff.

Bildungsauszeit ablehnen? Ich jedenfalls kenne genügend etablierte Berufstätige, die mit ganzem Herzen dabei wären. Man müsste sie nur machen lassen.

Darüber hinaus ist die intensive Beschäftigung der Etablierten mit dem Nachwuchs auch gut für den eigenen Horizont. Ein ehrlicher Austausch kann den Blickwinkel erweitern und für wertvolle Impulse sorgen. Wer die junge Generation einbezieht und von ihren Ansichten, Ideen oder Arbeitsroutinen etwas aufnimmt, führt – und praktiziert vor allem *moderne* Führung.[158]

10.4.4 Frameworks können helfen, auch wenn sie Führung nicht obsolet machen

Bringen wir noch einmal das *Framework*-Konzept ins Spiel, diesmal aus einem etwas erweiterten Blickwinkel. Zur Erinnerung: Insbesondere in der agilen Welt werden Organisationsformen beziehungsweise die Arbeitsorganisation an sich zumeist als *Framework* bezeichnet (auch wenn manche Agilisten es gern als eigene Kategorie sähen). Das Framework hat nach dieser Vorstellung den Charme, dass es, wie das Wort schon sagt, den Rahmen vorgibt und wenig Raum für Hierarchie und Führung lässt. Die Idee dahinter ist vordergründig überzeugend, wir haben sie schon zuvor angerissen: Wenn der Rahmen gesetzt ist, funktioniert die Zusammenarbeit gemäß den Rollen und ihren Aufgaben innerhalb des Frameworks, und damit ist alles zwischenmenschliche Gerangel und Führungsgehabe, ja die Führung selbst, passé. Diesen Irrglauben haben wir bereits entlarvt, es müssen eben doch Entscheidungen gefällt oder manchmal Konflikte gelöst werden, was in diesen Fällen eine höhere Instanz verlangt.

Doch es kommt noch eine weitere Dimension hinzu: Ganz schnell am Ende ist man mit dem Framework-Ansatz, wenn eine große, strategische Veränderung bis hin zur Restrukturierung erforderlich ist. Überhaupt sind alle von außen an das Framework herangetragenen Aktionen, die nicht in diesem Framework vorgesehen sind, zunächst ein Problem. Sie erfordern nämlich eine außerplanmäßige Reaktion, und nun stellt sich die Frage, wer dazu befähigt und ermächtigt ist – es stellt sich also spätestens jetzt die Führungsfrage.

Wo also liegen dann die Vorteile der Frameworks? Für den Regelbetrieb gibt ein Framework besonders den Neulingen eine institutionalisierte und somit sehr hilfreiche Orientierung. Rollen, Prozesse, Arbeitsschritte und Arbeitspakete müssen zumeist nicht erst mühsam ausgehandelt werden. Daher sind in diesen Frameworks jene

158 Vgl. Murphy, Clarke (2022): Sustainable leadership. Lessons of vision, courage, and grit from the CEOs who dared to build a better world. Wiley. S. 85. Murphy wörtlich: »Especially younger associates have something to teach us. In fact, we are leading when we are seeking their input. We need to look to our younger colleagues to accelerate our own educations as we accelerate their careers in turn.«

Rollen, die eine hohe koordinierende Komponente aufweisen, prädestiniert zur Führungskräfteausbildung neuen Zuschnitts. Die bereits erwähnten Product Owner und Scrum Master drängen sich geradezu auf, doch es sind noch viele weitere denkbar. Führung passiert innerhalb von Frameworks und noch öfter außerhalb.

Wir können also den Framework-Ansatz als einen hinreichend sich selbst regulierenden Rahmen mit Führungsrollen im halb geschützten Raum und mit vereinzelten Ausflügen in den freien Raum der Führung gestalten. So lässt sich das Beste aus zwei Welten verbinden. Die Nachwuchskräfte agieren innerhalb eines klar definierten Organisationsrahmens und erfahren dadurch Sicherheit, haben aber zugleich die Möglichkeit, ihre Rollen als eine Art von Führung zu begreifen. Das Framework gibt eine gewisse Sicherheit, dass die anderen Beteiligten im Regelfall mitziehen, da auch sie ihre Rollen einnehmen. Wenn die zuvor beschriebenen Situationen – etwa ein Konflikt – auftreten, erleichtert das Framework die Lösung. Gleichwohl sind Nachwuchskräfte wie etablierte Agierende in Rollen mit Koordinationsauftrag aufgefordert, bei erkennbaren Brandherden löschend einzugreifen. Jetzt ist Führung gefragt, auch wenn sie im typischen Framework womöglich nicht so heißen darf.[159]

Nachwuchskräfte können sich nun mit der relativen Sicherheit des Frameworks etwas leichter in der Verantwortungsübernahme ausprobieren als in einer klassischen Organisation. Die wartet noch früh genug, wenn es entweder nach oben geht oder seitwärts in eine neue Funktion an anderer Stelle außerhalb eines Frameworks. Zudem beinhalten viele Rollenprofile in der agilen Welt die Interaktion an Schnittstellen zu klassisch organisierten Unternehmensbereichen oder Einheiten. Entgegen den Prophezeiungen der Agilisten und Holokraten wollen diese einfach nicht verschwinden. Bis auf Weiteres bleiben Unternehmen heterogen organisiert, was aber auf der anderen Seite für Abwechslung sorgt. Das ist eine gute Nachricht: Wer Führungsverantwortung neuen Zuschnitts übernimmt, wird immer frische Impulse in verschiedenen Umgebungen erhalten. Langeweile Ade!

10.5 Die neuen Aufgaben der Personalentwicklung

Ein neues Führungsverständnis will verankert, dessen Einführung und Aufrechterhaltung und Weiterentwicklung koordiniert werden. Dies ist die Aufgabe der Personalabteilung und insbesondere der Organisations- und Personalentwicklung.

159 Hier bietet sich der Vergleich zu ersten Versuchen in der Praxis mit alternativen Organisationsformen auch bei großen Unternehmen an, wie den organisatorischen Umbau der Roche-Pharmasparte durch Bill Anderson. Seine Einführung einer sogenannten Teal-Organisation weist etliche Gemeinsamkeiten mit dem Vorschlag in diesem Buch auf, ohne dass direkt auf Roche referenziert werden soll. Siehe auch: Fröndhoff, Bert/Rauffmann, Theresa (2023): Bill Anderson und seine Pläne bei Bayer: Nach außen locker, nach innen radikal. Handelsblatt Nr. 238, 8./9./10. Dezember 2023, S. 10, sowie die Anregungen von Frédéric Laloux (2014) zur Teal-Organisation.

Selbstverständlich stehen auch Vorstand oder Geschäftsführung in der Verantwortung, sie müssen den neuen Weg von höchster Stelle ausrufen und mitgehen. Da sie in aller Regel bereits beträchtliche Führungserfahrung gesammelt haben, gelten sie nicht mehr als Nachwuchskräfte und sind von weiteren Maßnahmen *erst einmal* nicht betroffen. Anders läge der Fall bei umfassenden Veränderungsmaßnahmen mit relativ kurzem zeitlichem Horizont – dann müssen sich alle bewegen. Dessen ungeachtet empfiehlt sich ein institutionalisiertes Topmanagement-Coaching selbstredend, und dessen zeitgemäße Ausgestaltung sollte automatisch das eigene Verhalten im Abgleich mit einem modernen Führungsverständnis reflektieren. Daher wollen wir hoffen, dass möglichst viele Topführungskräfte bereits den Weg des modernen Führungsverständnisses der Verantwortung eingeschlagen haben.

Hier nun soll es hauptsächlich um die grundsätzliche Einführung und Verankerung eines neuen Führungsverständnisses gehen, was in aller Regel eine gut funktionierende Personalentwicklung am besten begleiten, organisieren und kuratieren kann. Welche Schritte sind also zu gehen und welche Bausteine zu setzen, um das Führungsverständnis der Verantwortung – man könnte auch sagen, die Verantwortungsführung – zum Leben zu erwecken?

Hierzu gibt es wohl keine schnelle Lösung, denn bekanntlich gehört der kulturelle Wandel zum Schwierigsten, was die Unternehmensführung zu bieten hat. Nichts weniger als ein kultureller Wandel ist nämlich die Einführung eines neuen Führungsverständnisses, denn mit der formalen Änderung des Führungscurriculums ist es nicht getan. Erst die Verankerung in den Köpfen und im Handeln der etablierten Führungskräfte und der Nachwuchskräfte, idealerweise im Gleichklang, führt zur echten Veränderung.

Was also tun? Ich schlage vor, mit folgenden Schritten anzufangen:

10.5.1 Schritt 1: Problembewusstsein schärfen, neues Führungsverständnis sichern

Die Maßnahmen *Problembewusstsein schärfen* sowie *neues Führungsverständnis sichern* gelten vorrangig nicht etwa dem Nachwuchs, sondern den etablierten Führungskräften. Warum? Die etablierten Kräfte einer Organisation sind diejenigen, die fraglos einen erheblichen Teil zum Gelingen beitragen können und müssen. Wir haben bisher vor allem aus der Sicht des Führungskräftenachwuchses und insbesondere der Young Professionals argumentiert.

Es gibt jedoch noch eine zweite Seite der Medaille: Man muss den Nachwuchs auch machen lassen und neue Organisationsformen, die auf mehr Freiraum, mehr Entscheidungsrecht und mehr Verantwortung vor Ort abzielen, gedeihen lassen. Dies fällt vielen etablierten Führungskräften nach aller Beobachtung extrem schwer. Agil und modern möchte man ja so manche Einheit gern sehen, bei sich selbst jedoch nichts ändern. Mit dieser Einstellung wird es nichts! Die Generationen müssen einander angenähert werden, sich kennenlernen und sich besser verstehen. Nur mit einem wechselseitigen Verständnis gibt es überhaupt eine Basis für eine wirksame Kooperation.

Es wäre illusorisch, ein schnelles Umdenken bei den etablierten Führungskräften generell zu erwarten. Im Idealfall ist eine Organisation schon vor längerer Zeit in eine eher verantwortungsbestimmte und weniger status- oder hierarchiebestimmte Arbeitswelt aufgebrochen. Dann ist die Basis bereits gelegt. Andernfalls gilt auch hier: Die wirklich Motivierten werden sich zeigen, und mit diesen gilt es weiterzuarbeiten. Die anderen könnte man allenfalls manipulieren – was wir nicht möchten –, doch sie werden ohnehin der Strömung irgendwann folgen oder das Unternehmen verlassen. Die Zugpferde aber müssen eingebunden, gepflegt und unterstützt werden, sie bringen den Karren in Schwung.

10.5.2 Schritt 2: Verbindlichkeit der etablierten Führungskräfte sichern

Man kennt es und leidet mit: Bis zu 70 Prozent aller Veränderungsmaßnahmen versanden, weil die Führungskräfte sie nicht verbindlich vorantreiben. Dieser Befund bleibt seit mindestens einem Jahrzehnt, ermittelt in unterschiedlichsten Befragungen, erstaunlich konstant. Es gelingt einfach nicht, ein kritisches Momentum aufrechtzuerhalten oder überhaupt erst aufzubauen. Oft genug liegt dies an Kommunikationsdefiziten oder schlechter Organisation – sowohl seitens der Unternehmensspitze als auch begleitender Stellen –, sodass die Betroffenen nie zu echten Beteiligten werden. Sie sehen den Sinn einer Veränderung nicht, vielleicht sogar eher eigene Nachteile. Manche wagen sich nicht aus der Deckung, weil sie die Brandmarkung befürchten, wenn eine Initiative nicht funktioniert. Noch immer wird ein Scheitern hier in Europa zu häufig negativ betrachtet und der positive Lerneffekt – auch für die gesamte Organisation – nicht als solcher gewürdigt.

Was unserem Unterfangen entgegenkommt: Die etablierten Führungskräfte verlieren weder an Prestige noch Geld und erst recht nicht ihre Anstellung, wenn das neue Führungsverständnis Einzug hält. Es geht nicht um Rationalisierung, es geht um eine Effektivitätssteigerung und um die personelle, schließlich gesamte Überlebensfähigkeit der Organisation. Davon abgesehen werden die erforderlichen Verhaltensänderungen seitens der Führungskräfte ohnehin auch in anderen Kontexten (Stichwort: VUCA-Welt) eingefordert. Wie wir ja inzwischen wissen, hat das Führen allein durch die Autorität der Hierarchie, durch Weisungsbefugnis und möglichst hohe Präsenz ohnehin ausgedient.

10.5.3 Schritt 3: Verbindlichkeit der Nachwuchskräfte sichern

Ein Generationenprojekt läuft immer in beide Richtungen. Über die vermeintlichen oder tatsächlichen Einstellungen der jungen Generation haben wir bereits eingehend nachgedacht und relevante Studien herangezogen. Daraus folgt, dass Nachwuchskräfte durchaus Verantwortung übernehmen möchten und sich sogar Führungsaufgaben vorstellen können, wenn die Bedingungen eines neuen Führungsverständnisses erfüllt sind. Gleiche Erkenntnisse kann ich aus meiner Dozentur berichten. Nachwuchskräfte möchten den Sinn in ihrem Tun erkennen und sich dementsprechend entfalten können. Sie müssen aber auch erkennen, dass bestimmte Wünsche nicht oder nicht ganz erfüllbar sind. Ich bin sehr zuversichtlich, dass grundsätzlich leistungsbereite junge Menschen gewisse Relativierungen akzeptieren werden. Zu groß sind die Vorteile und zu vielfältig die Einsatzmöglichkeiten in einer verantwortungsbestimmten Organisation, die es ernst meint!

Die Erwartung der Organisation an die Nachwuchskräfte muss also ebenso klar kommuniziert werden wie das Angebot in puncto Aufgabe, Verantwortung, Arbeitsbedingungen – und Zukunftschancen. Erst wer diesen Komplex gesehen und erfasst hat, kann sich verbindlich für diesen Weg (oder eben gegen ihn) entscheiden. Übrigens fängt die Arbeit bereits mit der Rekrutierung der passenden Nachwuchskräfte an. Die Voraussetzung, neue Wege zu gehen, wird um so viel besser, wenn gezielt Menschen mit der entsprechenden Einstellung und Motivation an Bord kommen. Da sich dieses Buch auf Veränderung beziehungsweise Entwicklung und nicht Beschaffung konzentriert, muss mein Hinweis auf die Wichtigkeit des Recruitings an dieser Stelle genügen.

10.5.4 Schritt 4: Vertrauensklima erzeugen und sichern

Im Grunde sorgt bereits die Verbindlichkeit implizit für ein Vertrauensklima. Dennoch möchte ich die Vertrauensbildung und Vertrauenssicherung noch einmal als eigenen Punkt anführen, weil sie grundlegend sind. Hier steht besonders der Faktor *Verlässlichkeit* im Fokus. Nur wenn Nachwuchskräfte sicher sein können, dass etwa

- die ihnen gebotenen Karrierewege,
- die kommunizierten Anforderungen,
- das Sich-Ausprobieren im Experimentierraum,
- die Arbeitsorganisation und
- getroffene Vereinbarungen allgemein

weitestgehend eingehalten werden, kann dauerhaftes Vertrauen entstehen. Die Erfüllung dieser Bedingungen erfordert viel Disziplin von allen Akteuren einer Organisation, angefangen beim Topmanagement. Es ist eine Frage der Regeln und des daran geknüpften Handelns, im Grunde eine Kulturdimension. Daher hat auch hier im Idealfall eine Organisation die Bedeutung der Vertrauenskultur bereits erkannt und unterhält systematische Vertrauensarbeit.

Die Personalentwicklung begleitet sämtliche Aktivitäten rund um die Vertrauensarbeit, indem sie entsprechende Sensibilisierungs- und Qualifizierungsmaßnahmen organisiert, bei Vertrauenskonflikten entsprechende interne oder externe Unterstützung bereitstellt und, gerade für die Nachwuchskräfte, analysierende und bestärkende Statusgespräche führt.

10.5.5 Schritt 5: Durch Qualifizierung und Mentoring zur Verantwortungsübernahme befähigen

Es ist ebenso unanständig und unproduktiv, Nachwuchskräfte ins kalte Wasser zu werfen und hinterher für Fehlschläge verantwortlich zu machen wie die erfahrenen Führungskräfte für ihr bisheriges Verhalten pauschal zu kritisieren. Hier sehe ich alle Generationen in der Pflicht, ihren Teil zum Gelingen beizutragen. Es ist noch immer so, dass viele erfahrene Führungs- und auch Fachkräfte wertvolles Wissen zum Beispiel im Rahmen von Mentoring weitergeben können und zumindest bestimmte Führungskompetenzen in der Praxis keineswegs irrelevant geworden sind, nur weil vielleicht die eine oder andere akademische Denkrichtung diese Haltung vertritt. Die Herstellung von *Verantwortungsfähigkeit* durch Qualifizierung und Mentoring in der gesamten Organisation ist eine kollektive Anstrengung.

Wir haben bereits den virtuellen Experimentierraum als wichtiges Element für den neuen Führungskräftenachwuchs identifiziert. Darüber hinaus bietet sich das Mentoring an, ein vielfach bewährtes Instrument, um Nachwuchskräfte an neue Aufgaben heranzuführen. Im neuen Führungsverständnis läuft der Prozess überdies auch in die andere Richtung: Die junge Generation lässt die langjährigen Führungskräfte in ihre Lebenswelt blicken und wirbt dabei automatisch um Verständnis, ja Anerkennung. Erst ein generationsübergreifendes Verstehen – was noch nicht die völlige Akzeptanz bedeuten muss – schafft die Voraussetzung für ein harmonierendes Miteinander.

Darüber hinaus gilt es – und hier fühlt sich die Personalentwicklung immer wohl –, neue und erfahrene Führungskräfte in der Beherrschung des erforderlichen Rüstzeugs zu qualifizieren. Besonders Nachwuchskräfte haben hier naturgemäß einen hohen Bedarf, der in vielen Organisationen auch bereits durch vielfältige Onboarding-, Trainings- und Zertifizierungsmaßnahmen bedient wird. Im Weiterbildungscurriculum ist auf die richtige, passgenaue Themenwahl zu achten – die sodann im Arbeitsalltag gelebt und umgesetzt werden muss. Teilweise wird die Personalentwicklung mangels eigener Ressourcen internes durch externes Mentoring und Coaching ergänzen müssen. So haben sehr große Organisationen zumeist ebenso vielfältige Bedarfe, während mittelständisch aufgestellte Organisationen vor allem mit knappen Ressourcen kämpfen.

Den genauen inhaltlichen Bedarf an Qualifizierung, Mentoring oder Coaching muss jede Organisation für sich festlegen. Grundsätzlich sollten Nachwuchskräfte – übrigens egal, ob sie der jungen Generation angehören oder als reifere Semester erste Führungsverantwortung übernehmen – mit einem Mindestportfolio an relevanten Fertigkeiten vertraut gemacht werden:

Fertigkeiten der Führung nach dem Verantwortungsprinzip

- Verantwortung erkennen und in Arbeitsschritte übertragen
- die Perspektive der externen oder internen Kunden einnehmen
- Entscheidungen auf verschiedenen Grundlagen treffen
- eigene Entscheidungen und Handlungen begründen, vertreten, verteidigen und überzeugend revidieren
- Kommunizieren mit verschiedensten Adressaten
- Eigeninitiative und Selbstorganisation des Teams zulassen und doch den Rahmen sichern
- klärende Gespräche mit Teammitgliedern führen
- Potenziale und Bedarfe bei Teammitgliedern erkennen
- Konflikte erkennen, professionell und lösungsorientiert handhaben und im Idealfall tatsächlich nachhaltig lösen
- mit Belastung umgehen

Dieses Portfolio erhebt keinen Anspruch auf Vollständigkeit und sollte unbedingt unternehmensspezifisch modifiziert oder ausgestaltet werden.

Die viel beschworene und durchaus erforderliche emotionale Reife wird bei den Nachwuchskräften der jungen Generation nach einer gewissen Zeit automatisch eintreten. Falls nicht, dann eignet sich jemand vermutlich nicht als Führungskraft, weder traditionellen noch neuen Zuschnitts. Auch dies muss nicht das Ende sein, denn in einem neuen Verständnis der Zusammenarbeit wird ein Wechsel zurück in eine reine Experten- oder Sachbearbeitungsrolle möglich sein.

10.5.6 Eine mutige HR, die selbst Pate steht

Mir ist völlig klar, dass hier nur eine erste grobe Struktur vorgestellt wurde. Viele Unternehmen beschreiten bereits ihre Wege in der Personalentwicklung und würden diese wohl auch als erfolgreich oder mindestens als erfolgversprechend bezeichnen. Ebenso klar ist die hohe Ambition, die an die Personalentwicklung gestellt wird. So besitzt die Personalentwicklung gerade im Mittelstand oft noch immer keine wirklich professionellen Strukturen, weil sie unterbesetzt ist, ihr Potenzial nicht voll erkannt wird und ihre Budgetierung folglich nicht den eigentlichen Bedarf deckt.

Es braucht also mutige Personalerinnen und Personaler, die ihre Stimme erheben und sich in Position bringen, den Führungswandel im Unternehmen zu begleiten und zu organisieren. Es steckt bereits im Wort selbst, eben die für das Personal *Verantwortlichen* übernehmen die Verantwortung für den Gestaltungsprozess und stehen damit selbst Pate für das neue Verständnis der Verantwortungsführung. Sie stellen die Formate bereit, in denen die Organisation lernt und schrittweise den Führungswandel verankert. Sie geben schon im ersten Schritt institutionelle Unterstützung, während die erfahrenen und veränderungsmotivierten Führungskräfte ihre Unterstützung in der leitenden Linien- oder Projektfunktion ausüben.

Immerhin, der Wert und Sinn dieses Wandels liegt auf der Hand und er tut am Ende keinem wirklich weh. Er erfordert Umdenken und eine gewisse Anstrengung, das eigene Verhalten zu modifizieren. So viel Bewegung muss schon sein. Aber die neue *Verantwortungsführung* bedroht keine Existenzen, sondern sie hilft eher, Existenzen zu sichern. Das ist ein kaum zu überschätzender Vorteil gegenüber den meisten anderen Veränderungsprojekten! Er sollte sich in einer Organisation realistisch vom Topmanagement bis zum Nachwuchs in positive Dynamik übertragen lassen.

10.6 Karrierewege im neuen Führungskontext

Alternative Karrierewege bieten mittlerweile viele Unternehmen, die der Sackgasse einer traditionellen Führungsorganisation entkommen wollen. Zwar gehen sie in der Breite augenscheinlich noch nicht so weit wie das im vorliegenden Buch vorgeschlagene Führungsverständnis. Doch haben sie beispielsweise Projekt- und Expertenkarrieren in ihr Entwicklungscurriculum aufgenommen, weil sie früh erkannt haben, dass die klassische Führungskarriere für immer mehr Mitarbeitende und Young Professionals keine attraktive Option mehr darstellt. Insoweit ist dieses der Generation Z zugeschriebene Phänomen keineswegs neu, sondern es tritt nur noch stärker hervor, ist noch weiter verbreitet. In anderen Fällen bieten schlicht wirtschaftliche Notlagen ein Zeitfenster, um sogar einen ganzen Konzern umzukrempeln und tradierte Führungsebenen mit ihren Privilegien aufzubrechen.[160]

Wir haben bereits den typischen Denkfehler kennengelernt, nach dem sich ein Unternehmen zwar agil oder hierarchiearm aufstellen möchte, jedoch am tradierten Führungsverständnis festhält. So gewinnt es schwerlich Führungsnachwuchs.

Spätestens mit der vermehrten Verankerung von Arbeitsformen oder eben Frameworks der *New Work* dürfte das Angebot paralleler Karrierewege nicht mehr ausrei-

160 Auch hier sei auf Bill Anderson verwiesen, der als Vorstandsvorsitzender die Bayer AG umbaut und viel mehr Entscheidungs- und Gestaltungsmacht als bisher zu den bis dato unteren Ebenen verschieben möchte. Vgl. Fröndhoff, Bert/Matthes, Sebastian/Rauffmann, Theresa (2023): Bill Anderson: »Der Wandel bei Bayer wird gewaltig«. In: Handelsblatt Nr. 238, 8./9./10. Dezember 2023, S. 11 ff.

chen. Denn, wie bereits erläutert, verschwindet mit der immer weiter verbreiteten Anwendung flacher Hierarchien keinesfalls der Bedarf an Führung – die Art der Führung wandelt sich nur. Wenn eine Organisation leistungsfähig bleiben will, muss sie neue und traditionelle Arbeitsformen systematisch integrieren, ohne den grundsätzlichen Führungsbedarf zu leugnen. Es reicht nicht, parallele Strukturen aufzubauen! Wir haben es bereits gestreift, in der Realität ist es nicht selten so, dass beispielsweise agile *Inseln* im Unternehmen einer klassischen Organisation zu- oder sogar untergeordnet sind – denn irgendwann kommt jeder Arbeitsfluss mal an den Punkt der Entscheidung und Ergebnisverantwortung. Spätestens hier übernehmen die klassisch aufgestellten Führungskräfte und bremsen systemimmanent, vielleicht sogar, ohne es zu wollen, viele Nachwuchskräfte aus. Die Organisation lebt also in einer permanenten Dichotomie aus traditionell und neu.

Ist das auszuhalten? Zumindest wird so das volle Potenzial einer Organisation nicht ausgeschöpft. Wer etwa nur in Frameworks oder produktbezogenen Teams arbeitet, lernt selten die strategische Perspektive der Unternehmensführung oder die Funktionsweise eines Produktionsstandorts in Gänze kennen. Wenn aber gerade viele junge Mitarbeitende im *New-Work*-Kontext wirken oder ihre Laufbahn dort beginnen, dann muss aus diesem Teich auch Nachwuchs für höhere Positionen gefischt werden können – sonst funktioniert ein Unternehmen ab einer gewissen Größe mangels befähigter und motivierter Führungskräfte schlicht nicht mehr.

Der Grund für die Hartnäckigkeit der hier beschriebenen Dichotomie aus klassisch und neu ist – neben der typischen Verzagtheit gegenüber groß zu denkenden Veränderungen – der altbekannte: Irgendjemand muss, auch im juristischen Sinn, die Ergebnisverantwortung übernehmen, und das an viel mehr Stellen als geahnt, ja manchmal stante pede. Damit tun sich alle Formen der hierarchiearmen, agilen oder gar holokratischen Organisation schwer. Also neigen sie dazu, trotzig ins Extreme der eigenen ›Ideologie‹ zu driften oder besagte Paralleluniversen aufzubauen.

Ich bleibe dabei: Ab einer gewissen Unternehmensgröße und ab einer gewissen Vielschichtigkeit der Produkte oder Dienstleistungen des Unternehmens ist die Grenze der Hierarchielosigkeit oder *New Work* erreicht. Gleiches gilt für einzelne Funktionen wie etwa Controlling, Buchhaltung, Recht oder Compliance – hier wäre eine agile oder holokratische Aufstellung fehl am Platz, denn zu spezifisch sind die gefragten Kompetenzen, zu stark den Rhythmus vorgebend ist die Gesetzeslage und zu häufig die Einforderung autorisierter Ansprechpersonen. Auch Organisationen mit höchst unterschiedlichen Aufgabenfeldern und Randbedingungen wie Arbeitszeit oder Arbeitsort – also eben keine hochgradig homogenen Expertenorganisationen, die so gern für gelungene Egalität und ›Cheflosigkeit‹ herangezogen werden – sind für Hierarchielosigkeit denkbar ungeeignet. Das bedeutet für die meisten Organisationen: ein gangbarer neuer Mittelweg muss her.

10.6.1 Spielerische, aber institutionalisierte Oszillation zwischen Rolle, Organigramm und Organisationsform

Die Frage ist also, was man aus diesen Verhältnissen im Sinne der Führung durch das Verantwortungsprinzip macht. Eine mögliche Lösung des Dilemmas liegt in der Akzeptanz, dass eine Organisation nicht völlig – sagen wir – ›agilisiert‹ werden kann, aber dass man das Potenzial der Menschen für die ganze Organisation an vielen Stellen nutzbar macht. Im Klartext bedeutet dies nichts anderes als Rollen, die wir ohnehin schon als Führungsrolle nach neuem Verständnis begreifen, in entsprechende unternehmensweite Förderprogramme, Zirkel oder Gremien aufzunehmen und einen Wechsel zwischen den Organisationsformen zuzulassen. Natürlich sind Wechsel deutlich über die Linie, die Rolle oder den Aufgabenbereich hinaus an sich nichts Neues, nur stellen sie in traditionellen Organisationen eher die Ausnahme dar. Sie sollten von nun an als Regelfall betrachtet werden. Mögen weiterhin unterschiedliche Arbeitsorganisationen nebeneinander existieren – disziplinarische und funktionale Führungskräfte nebst Nachwuchshoffnungen aus allen Organisationswelten schwimmen doch einträchtig im selben ›Goldfischteich‹. Dass ein solches Verständnis das Reservoir auch um weitere, bisher unterrepräsentierte wertvolle Nachwuchsgruppen – wie etwa werdende oder junge Mütter oder Migranten, die sprachlich noch im Aufholen begriffen sind – viel leichter erweitern kann, sei hier nur am Rande erwähnt.[161]

Eine durchlässige Organisation muss beispielweise folgende Entwicklungs- und Karrierewege zulassen, als normal betrachten und sogar fördern:

Heute	Morgen	Übermorgen
Scrum Master	Teamleiter	Bereichsleiter
Projektleiterin	Scrum Master	Bereichsleiterin
Poduct Owner	Bereichsleiter	Landesgeschäftsführer
Trainee	Subject Matter Expert	Product Owner
Squad Leader	Scrum Master	Gruppenleiterin
Bereichsleiter	Chapter Leader	Geschäftsführer
Produktmanagerin	Agile Coach	Produktmanagerin
Key Account Manager	Chapter Leader	Geschäftsführerin
Subject Matter Expert	International Trainee	Product Owner

161 Es gibt zahlreiche Studien, die die wirtschaftlichen Vorteile von Diversität untersuchen, zumeist mit positivem Ergebnis. Hier sei auf die jeweiligen McKinsey-Reports verwiesen (der jüngste von Dame Vivian Hunt et al. stammt aus dem Jahr 2023).

Die hier vorgestellte Matrix soll lediglich beispielhaft zeigen, welche Wege in einer Organisation, in der nach dem Verantwortungsprinzip geführt wird, möglich und voll akzeptiert sein sollten – selbstredend immer in Abgleich mit den Wünschen der Betroffenen. Diese sind überhaupt der Kompass zur eigenen Entwicklung, und nur wenn sie Erfüllung finden, werden Organisationen überleben. Daher ist es im Grunde auch egal, welche Rollen- oder Stellenbezeichnungen verwendet werden – in der Praxis tauchen ohnehin immer wieder neue auf, und manche sind sogar unternehmensspezifisch. Sie sollten in ihrer Auslegbarkeit allerdings unserem hier definierten Verständnis von Führung entsprechen.

10.6.2 Kommerzielle Ergebnisverantwortung nicht für jede Rolle

Dass jede Rolle eine Ergebnisverantwortung im Sinne des Arbeitsergebnisses haben muss, steht außer Frage. Nicht jede Rolle muss aber mit direkter kommerzieller Ergebnisverantwortung verknüpft werden, allenfalls mit der Erreichung oder Einhaltung bestimmter Budgets oder budgetähnlicher Kenngrößen. Es ist denkbar, einen Product Owner mit einer bestimmten kommerziellen Ergebnisverantwortung für das Produkt auszustatten. Hingegen bietet es sich keinesfalls an, etwa einen stark personen- und frameworkbezogen arbeitenden Agile Coach mit kommerzieller Ergebnisverantwortung zu belasten. Der Interessenkonflikt wäre zu groß.

Ob es erlaubt sein sollte, funktionale und disziplinarische Rollen zeitlich parallel, aber in unterschiedlichen Funktionsebenen oder Einheiten auszuüben, lasse ich offen. Aus unserer Beratungspraxis ergibt sich kein eindeutiges Bild, und viele Fachbeiträge zum Thema sind letztlich von Dogmen durchzogen. Sollte ich mich festlegen müssen, würde ich für eine sequenzielle Rollenausübung plädieren. Ein Teamleiter sollte eher nicht gleichzeitig als Scrum Master fungieren, eine Projektleiterin nicht gleichzeitig als Product Owner. Umso wichtiger also ist die rollen- und organisationsübergreifende Qualifizierung zur modernen Führungskraft nach dem Verantwortungsprinzip.

10.6.3 Eine Personalentwicklungskomponente auch in funktionalen Rollen

Klar ist für mich hingegen, dass in allen Rollen, die unserer Definition von Führung entsprechen, die Komponente des Umgangs mit Menschen und eine damit verbundene, gewisse *Fürsorge* enthalten ist. Die Frage, wie genau diese bedient wird, hängt wiederum vom Unternehmen und der Ausgestaltung der Arbeitsorganisation ab. Bisher waren funktional Führungsverantwortliche eher nicht für die Qualifizierung und persönliche Entwicklung der Teammitglieder zuständig.

Nach dem neuen Führungsverständnis mit seinem Ermöglichungsauftrag könnte und sollte sich auch die funktionale Führungskraft um diese Fragen mit kümmern:

- Warum soll ein Product Owner nicht Anregungen für Weiterbildungen geben können?
- Warum soll ein Scrum Master nicht ermitteln, welchen zumindest formellen Qualifizierungsbedarf ein (Development-)Team hat?
- Warum können sich Projektleiterin und Projektteam nicht immer mal wieder zusammensetzen und darüber befinden, inwieweit und wo man Aufholbedarf an Wissen oder persönlicher Befähigung hat und wie sich dieses optimal erwerben lässt?

In vielen Frameworks sind sogenannte *Check-ins*, etwa durch *Enablement Coaches*, ohnehin schon fester Bestandteil des Programms. Gerade im US-amerikanischen Kontext beziehen sich diese Gespräche nicht nur auf inhaltliche oder strukturelle Themen, sondern auch auf persönliche, etwa mit folgenden Leitfragen:

- »Fühlst du dich in der Lage, deine optimale Leistung abzurufen?«
- »Fehlt dir eine Kompetenz oder Fertigkeit, um besser zu werden?«
- »Mir wird aus dem Team gespiegelt, dass Sie Ihre Arbeitspakete öfter nicht pünktlich abliefern. Stimmt das und woran liegt es Ihrer Meinung nach?«
- »Haben Sie Ihr Budget an Weiterbildung bereits verwendet oder ist noch etwas vorhanden? Wie wollen oder können Sie es einsetzen?«

Hier darf die US-amerikanische Unkompliziertheit durchaus als Inspiration dienen. In deutschen Unternehmen ist die Weiterbildung oft an ein festes Curriculum bestimmter Karrierewege geknüpft – wenn sie überhaupt geregelt ist, Stichwort Mittelstand. Viele US-Unternehmen handhaben die Weiterbildung zwar ähnlich, doch sie sind tendenziell offener, wer Rückmeldung geben darf und soll. Das setzt natürlich eine entsprechende Kultur und befähigte Führungskräfte – nach neuem Verständnis – voraus, aber diesen Weg möchten wir ja ohnehin beschreiten. So kann ein schärferes und aktuelleres Bild über den Weiterbildungsbedarf gezeichnet werden, was die Wirkung vieler Maßnahmen und die Leistungsfreude der Betroffenen erhöhen dürfte.

Für die Weiterbildung im Curriculum neuer Karrierewege gilt also das Gleiche wie im neuen Führungsverständnis: weniger Anweisung, mehr Anregung.

10.7 Best Output Leadership – Führen zu großen Ergebnissen

Zuletzt möchte ich noch einmal das Augenmerk auf den Hauptzweck eines Unternehmens richten, gemeinnützige Organisationen einmal ausgenommen: nämlich so viel Geld zu verdienen und Wert zu schaffen, dass ein komfortables Überleben möglich wird.

Im Komplex um die *New-Work*-Konzepte und die Diskussionen, wie man der jungen Generation eine angenehme Arbeitsatmosphäre bereitet, fällt dieser Aspekt – wir haben es bereits erkannt – zu oft unter den Tisch. In diesem Kontext proklamieren verschiedene Expertinnen und Berater seit einigen Jahren immer häufiger, man möge doch weniger den *Output* von Arbeit als vielmehr den *Outcome* fokussieren. Hierbei ist, grob gesagt, mit *Outcome* der geschaffene Mehrwert – vor allem beim Kunden – gemeint, während *Output* die Arbeitsleistung an sich betrachtet und misst.

In der Diskussion um die neuen Aufgaben und das neue Bild einer Führungskraft, wie wir es in diesem Buch diskutiert haben, ist der *Output* immer stärker in den Hintergrund gerückt, bis hin zur Diffamierung als völlig falsche Kenngröße, um sowohl den eigentlichen Führungs- als auch den Arbeitserfolg zu messen. *New Work*, so wird suggeriert, bedeutet Fokus auf den wertvollen *Outcome*, was automatisch den potenziell mühevollen und wenig wertschöpfenden *Output* auf ein Minimum reduziert.

Natürlich kann da etwas Wahres dran sein, denn sollte ich nicht wissen, was meine Kundschaft als Mehrwert versteht, arbeite ich aufs Geratewohl. Das Sprichwort »Wer den Hafen nicht kennt, in den er segeln will, für den ist kein Wind der richtige« stammt angeblich bereits aus der Römerzeit. Der gewünschte *Outcome* sollte also immer am Beginn grundsätzlicher Aktivtäten geklärt werden. Doch dieses Credo haben erfolgreiche Unternehmungen immer schon beherzigt, das hat nichts mit *New Work*, *Teal* oder ähnlichen neuen Ansätzen zu tun.

Daraus zu schließen, dass die ›moderne‹ Arbeitsorganisation und die damit verbundene Führung vor allem *Outcome*-getrieben sei, halte ich für einen gefährlichen Irrweg. Man gaukelt der jungen Generation eine falsche Realität vor, nach der das *Wie* oder *Wo* oder *Wann* der Arbeit nicht mehr entscheidend für das Erreichen des gewünschten Resultats sei. Vor allem das *Was* sei die relevante Dimension. Fragt sich bloß, worin das *Was* besteht?

Nach wie vor wird der ganz überwiegende Teil von Führung im Tagesgeschäft auf die Erzeugung von *Output* hinauslaufen – erfolgversprechende Führung nach dem Verantwortungsprinzip fokussiert *Output* und *Outcome* gleichermaßen. Überhaupt ist eher der *Output* mit einer gewissen Regelmäßigkeit zur Orientierung messbar, und wenn er mit Fokus auf den Kundenmehrwert erzeugt wird, geht er automatisch in die richtige Richtung, ist quasi *Best Output*. Erst der *Output* schafft überhaupt Arbeitsergebnisse – in der agilen Welt spricht man von *Inkrementen* –, die in einen *Outcome* münden können.

Wer die Arbeitsorganisation vorrangig am *Outcome* aufzieht, hat es vordergründig leicht. Gerade der aktuellen Diskussion um die 4-Tage-Woche oder um die Rückkehr aus dem Homeoffice beziehungsweise den Verbleib ebendort lässt sich zunächst die Schärfe nehmen. Wenn nur der *Outcome* zählt, habe ich schon nicht das Problem, mich mit möglicherweise kleinteiligem *Output* zu befassen oder diesen gar kontrollieren zu müssen. Über grundsätzliche strategische Fragen zu diskutieren erfordert zudem deutlich weniger Fachkenntnis als die Evaluierung und sinnvolle Neuorganisation täglicher (Führungs-)Arbeit. Provokant gesagt: Rund um den *Outcome* kann jeder mitreden.

Dass aber erst der *Output* den *Outcome* erzeugt und dass die Art, wie der *Output* erzeugt wird, den *Outcome* maßgeblich beeinflusst (Funktionalität, Preis, Termintreue, Qualität etc), gerät in vielen Beiträgen völlig aus dem Fokus. Es wird in diesem als neuem Idealbild gezeichneten Szenario zu gern das große Ergebnis, das große Ziel, der große Business Impact, der große Kundenmehrwert ausgelobt – aber der Weg dorthin mit seinen vielen Arbeitsschritten und Zwischenergebnissen bleibt meistens unbeleuchtet. Dass erst *Best Output* einen *Best Outcome* ermöglicht, wird vergessen. Ausnahmen bilden einige Frameworks, und gerade das *Scrum*-Framework fokussiert den *Output* mindestens so stark wie den *Outcome*, vielleicht sogar stärker.

Sehr spannend wird in diesem Kontext auch die weitere Entwicklung der künstlichen Intelligenz (KI) sein. Zumindest die generischen oder generativen Systeme stecken ja noch in den Kinderschuhen, wenn man der Forschung glauben darf, und Gleiches gilt für Regulierungsfragen. Es ist zum gegenwärtigen Zeitpunkt nicht absehbar, inwieweit KI in unserem Kontext Führungskräften helfen oder diese gar bedrohen wird, geschweige denn, in welchen Bereichen des Arbeitens sich KI – und welche Art von KI – durchsetzen wird. Ich wage aber folgende These: Gerade mit Blick auf die vergleichsweise gute, direkte Messbarkeit des *Outputs* und die Komplexität sowie Kompliziertheit, die mit der Erzeugung eines optimalen *Outputs* einhergeht, scheint sich hier eine Spielwiese für KI aufzutun. Eine richtig ›gefütterte‹ KI wird Ineffizienz und Ineffektivität noch in den verwobensten Prozessen schnell entdecken und sehr gute Entscheidungsvorlagen liefern, kreative Vorschläge machen oder eventuell direkt eingreifen, wenn sie es darf. Nur Führungskräfte, die den *Output* und seine Zusammenhänge grundsätzlich verstehen, werden die KI überwachen oder ihre Vorschläge einschätzen können.

Daher möchte ich an dieser Stelle den Appell an die Führungskräfte und den Nachwuchs richten, das Tagesgeschäft der Führung im Blick zu behalten und wertzuschätzen. Gerade das Arbeiten in dem hier vorgeschlagenen neuen Führungskonzept nach dem Verantwortungsprinzip verlagert sehr viel Entscheidungs- und Gestaltungsmacht an die Menschen vor Ort.

So betrachtet erhöht dieses Konzept sogar die Anforderungen an die Erzeugung des *Outputs*, da dieser nicht mehr überall – oder auch gar nicht mehr – zentral gesteuert wird. Es gewährt viel mehr Freiraum, aber eben auch Eigenverantwortung zu entscheiden, welche Arbeitsergebnisse wie und wann abgeliefert werden. Das Rüstzeug einer Führungskraft, um in unterschiedlichen Szenarien und Umgebungen große Ergebnisse sichern zu können, bleibt also relevant. *Best Output* verlangt neben dem Blick auf das große Bild vor allem handfeste Führungsfertigkeiten.

Den erwähnten Hauptzweck des Wirtschaftens als Ausgangspunkt gesetzt, liegt hier die Verbindung aus der tradierten zur neuen Arbeits- und Führungswelt: Nicht der *Output* ist als Kenngröße obsolet, sondern die althergebrachten Entscheidungswege sind es! In einer kundenorientierten, kooperativen Organisation der Führung nach dem Verantwortungsprinzip bestimmen und steuern die Menschen vor Ort den *Output* erfolgreich selbst!

11 Danksagung

Ich bin vor allem den Frauen und Männern zu größtem Dank verpflichtet, die in den Interviews aus ihrer Perspektive berichtet haben und damit in diesem Buch zumindest schlaglichtartig für wertvolle Einblicke in die Führungsthematik sorgen. Tausend Dank von meiner Seite an Sie alle! Sie haben entscheidend dazu beigetragen, dass dieses Buch nicht nur normative Vorschläge enthält, sondern zu mindestens ebenso großen Teilen auch die Praxis beschreibt!

In alphabetischer Reihenfolge möchte ich nennen:

Gregor Baer gründete als Diplomingenieur im Jahr 2003 gemeinsam mit einem Kompagnon den Wintersportartikelhersteller INDIGO. Beide entwickelten INDIGO zu einer weltweit führenden Premiummarke im Segment Skihelme, Skibrillen und Ski, auch als Lizenzhersteller für Bogner. In der für die Skibranche turbulenten Coronapandemie gingen die Gründer mit dem größeren Skihersteller und Sportausrüster HEAD zusammen, der mit INDIGO ein eigenes Premiumportfolio aufmachte. Seitdem ist Gregor Baer als Global Vice President bei HEAD für das INDIGO-Portfolio verantwortlich.

Christoph Beichelt, ist Diplomingenieur mit vielseitiger internationaler Laufbahn bei weltweit führenden Automobilzulieferern. Er vertritt in diesem Buch die Perspektive eines Geschäftsführers eines stark wachsenden Unternehmens in Private-Equity-Hand. Mutares als in diesem Falle engagierter Mittelstandsfinanzierer steht dabei Pate für eine ganze Kaste an Private-Equity-Firmen im deutschsprachigen Raum.

Jean-Claude Biver und **Pierre Biver**, Vater und Sohn, die gerade ihr Familienunternehmen JC Biver (BiveR) im High-End-Segment Schweizer Luxusuhren aufbauen: Jean-Claude Biver gilt, neben Nicolas Hayek, als Retter der Schweizer Uhrenindustrie, die nach der sogenannten Quarzkrise am Boden lag. Darüber hinaus brachte er Uhrenmarken unabhängig von dieser Krise nach vorn. Er hat unterschiedlichste wirtschaftliche Szenarien gemeistert und trägt sowohl die Angestellten- als auch Unternehmerperspektive bei. Pierre Biver ist nach erster Berufserfahrung bei einem Auktionshaus in London, statt zurück zur Universität zu gehen, direkt als Mitgründer in das Familienunternehmen JCB eingestiegen. Jean-Claude Biver und Pierre Biver bringen somit auch die frischen Eindrücke eines Start-ups mit, das auf jahrzehntelanger Erfahrung und Inspiration der Jugend gleichermaßen beruht – und durch das sehr spezielle Segment vom ersten Produkt an eine weltweite Klientel anspricht.

Dr. Wilhelm Friedrich Boyens war über Jahrzehnte einer der Königsmacher in der deutschen und europäischen Unternehmenslandschaft: als Deutschland-Chef und Mitglied im Global Executive Committee der Personalberatung Egon Zehnder, die zu den Top 5 der Personalberatungsunternehmen weltweit gehört. Er hat somit den unangefochtenen Marktführer in Deutschland und Europa maßgeblich mit aufgebaut.

Niels Bracker steuert als Alleinvorstand der Praezi Stahl AG einen Europamarktführer, also einen typischen Hidden Champion, mit Sitz in Deutschland, europaweiten Produktionsstätten und weltweiten Kunden.

Lisa Rosa Bräutigam hat als ausgebildete und berufserfahrene Grundschullehrerin nach einigen Jahren den Schuldienst quittiert, um sich als Unternehmensgründerin neu zu erfinden. Mit nuwo führt sie einen Venture-Capital-finanzierten Vermieter von Büromöbeln, insbesondere um das Arbeiten von zu Hause mit professioneller Ausstattung zu unterstützen. In der noch immer männlich dominierten digital-disruptiven Start-up-Szene stellt sie im deutschen und europäischen Biotop einen Prototyp der durchsetzungsfähigen Nachwuchsunternehmerin dar.

Valeria Gargiulo, Volljuristin mit MBA und gebürtige Argentinierin, arbeitet seit vielen Jahren für deutsche Unternehmen und bringt dadurch tiefgehende interkulturelle Führungs- und Managementerfahrung mit. Derzeit ist sie zur Vorständin der MDAX-notierten KION Group AG bestellt.

Viviana Mehlan ist Diplom-Betriebswirtin und zur Prokuristin des Inklusionsbetriebs des größten deutschen Caritasverbands bestellt. Durch ihre vorherige Laufbahn im gehobenen filialisierten Textileinzelhandel kann sie die Perspektive der gemeinwohlorientierten Wirtschaft im direkten Vergleich mit der freien Wirtschaft einnehmen.

Dr. Meike Schäffler, promovierte Mathematikerin, verantwortet als Vorständin eines Familienunternehmens mit Schwerpunkt technische Gase und Versorgung mit Betriebs- und Treibstoffen die Ressorts Produktion, IT und Innovation. Sie ist eine Vorreiterin in einem technisch geprägten Unternehmen, das in seiner Organisation und reichhaltigen Geschichte einen deutschen Archetyp darstellt.

Peter Yoogiul Son verantwortet den weltweiten Strategieprozess der Wilo Group, einem weltweit führenden Pumpenhersteller. Mit einem MBA-Abschluss der Seoul National University und dem abgeschlossenen General Management Program der Harvard Business School bringt er Studien-, Führungs- und Lebenserfahrung von drei Kontinenten mit.

Christian Spies, hat einen MBA-Abschluss am Insead erworben und gehört als President Power Management & Control Components Division zum Executive Board der Eaton SE. Darüber hinaus ist er weltweit verantwortlich für eine Kernproduktgruppe.

Franz Sebastian Welter verantwortet das Innovationsmanagement einschließlich moderner Arbeitsmethoden der DZ Bank, eine der führenden Banken in Deutschland und Europa. In der für Deutschland und einige europäische Länder typischen Organisation als Genossenschaftsbank bildet seine Einheit den agil geprägten, dynamischen internen Gegenpol.

Anka Wittenberg hat als eine der ersten Frauen in Deutschland zahlreiche Führungsrollen bei internationalen Konzernen ausgefüllt, sowohl mit Hauptsitz in Deutschland als auch in den USA, sowohl börsennotiert als auch in Familienbesitz. Zuletzt hatte sie die weltweite Verantwortung für Diversity and Inclusion bei SAP inne. Sie bekleidet heute mehrere Aufsichtsratsmandate.

Ohne Mirjam Gabler vom Verlag Haufe-Lexware, die das Buchkonzept bereits in der Frühphase begleitet hat, und Ursula Thum, meine ebenso inspirierende wie präzise denkende Lektorin, gäbe es dieses Buch ebenfalls nicht. Mein herzlicher Dank geht an diese so wichtigen Unterstützerinnen und Ermöglicherinnen des Projekts! Schließlich möchte ich ebenso herzlich Prof. K. Ludwig Pfeiffer danken, der mir, wie so oft, mit seinem scharfen intellektuellen Input an einigen Stellen wertvolle und überraschende Orientierung gegeben hat, nicht zuletzt, was die Auswertung der schwer zu klassifizierenden Führungsgespräche angeht.

Mein herzliches Dankeschön an alle, die zu diesem Buch beigetragen haben!

12 Postscript – Definitionen, Lehrsätze, Zusammenfassungen im Überblick

12.1 Über Führung

Charakteristika von Führung

Zusammengefasst können wir demnach folgende Annahmen treffen:

- Führung ist per se zur Gestaltung einer Organisation notwendig, wenn auch nicht per se qualifizierbar.
- Führung lässt sich daher nicht vermeiden, wenn eine Organisation überleben soll.
- Führungskompetenz ist nicht angeboren, sondern erlernbar, wenn auch die Wirksamkeit oder Angemessenheit eines Führungsverhaltens nur in einem konkreten Umfeld betrachtet und entfaltet werden kann.
- Erfolgversprechende Führung ist ohne Verbindlichkeit und Verantwortungsübernahme nicht möglich.
- Ohne die Wertschätzung der Menschen ist sie ebenfalls nicht möglich.
- Besonders in Deutschland hört man aus vielen Unternehmen, dass die junge Generation vermehrt nicht an Führungsaufgaben interessiert sei, sich mit der Übernahme von Verantwortung schwertue und überhaupt das Privatleben vor das Arbeitsleben stelle.
- Die junge Generation kenne keine Loyalität zum Unternehmen im klassischen Sinn, allenfalls ließe sie sich durch einen so empfundenen, gerechten Unternehmenszweck (Purpose) beeindrucken.
- Es dürfte daher immer schwerer fallen, auch jenseits der juristischen Schriftstücke einen Vertrag, quasi eine implizite Vereinbarung, zwischen Arbeitnehmer und Arbeitgeber zu schließen, der auf beiderseitigem Vertrauen, beiderseitiger Verantwortungsübernahme und beiderseitiger Verbindlichkeit beruht.

Definition von Führung, Leadership und Management

Definieren wir Führung und Management in unserem Kontext also folgendermaßen:

- *Führung* = alle Entscheidungen und Aktionen, die 1) wenig oder keinen Routinecharakter haben und/oder die 2) unmittelbar beeinflussende Ausstrahlung auf andere in der Organisation oder eingebundene Externe (als Verlängerung der Organisation) haben, und zwar insbesondere deren Entscheidungen, Handlungen, Arbeitsschritte sowie bedarfsweise auch Qualifikation, fallweise mit potenziell strategischer Bedeutung. Wer führt, muss den Willen und die Möglichkeit haben, anderen zum Erfolg zu verhelfen, und zwar qua Position und qua persönlicher Einstellung. Führung kann weiterhin bedeuten, in Momenten des Zweifelns und der Unsicherheit initiativ das Zepter in die Hand zu nehmen und einen gangbaren Weg zu weisen. Gleiches gilt für das Vorausdenken mit unternehmensstrategischer

Auswirkung – welches besonders im US-amerikanischen Kontext als Entwicklung von Visionen benannt wird –, dem sich das Vorausgehen anschließt. Konsequente Führung in diesem Sinn, insbesondere gemäß den beiden letzten Punkten, ist gleichzusetzen mit *Leadership.*

- *Management*=alle Entscheidungen und Aktionen, die 1) einen hohen Routinecharakter haben und die 2) der Ausführung von prozessual oder organisatorisch erforderlichen Aufgaben dienen, seien sie selbst erbracht oder delegiert. Beim Management steht die Entwicklung von Menschen nicht im Vordergrund.

Schon wird deutlich:

- Stellenbezeichnungen sagen nicht unbedingt etwas darüber aus, ob eine Position eher Führung/Leadership, Management, Sachbearbeitung oder Spezialistenaufgaben bis hin zum Handwerk beinhaltet.
- Jede Führungskraft übt auch Managementaufgaben aus, doch nicht jede Managementaufgabe schließt Führung ein.
- Nicht jeder Manager, nicht jede Managerin ist automatisch Führungskraft und umgekehrt muss nicht jede Führungskraft eine klassische Linienposition mit disziplinarischer Personalverantwortung ausfüllen.
- Nicht jede Führungskraft muss nach US-amerikanischem Verständnis alle typischen Leader-Eigenschaften des Beeinflussens und strategischen Vorausgehens besitzen, aber doch den Willen, Menschen zum Erfolg zu verhelfen und sie in ihrer Entwicklung zu unterstützen.
- Führungskräfte, die qua Aufgabeninhalt oder Position eher dem Managementtypus entsprechen, können gleichwohl punktuell, situativ oder phasenweise Leadership zeigen.
- Manche, vor allem nichtstrategische Führungsaufgaben könnten auch als Managementaufgaben interpretiert werden, während das strategische Vorausdenken, das Innovieren und das daraus erwachsende Vorangehen die klare Leadership-Komponente in der Führung (aber nicht Management) ist.

12.2 Vertrauenskultur und Systemvertrauen

Faktoren der Vertrauensbildung und -erhaltung

Es stellt sich die Frage, durch welche Faktoren sich ein Klima des Vertrauens im Unternehmen konstituiert. Konzentrieren wir uns gemäß der Zielsetzung dieses Buches auf die Essenz. Zur Orientierung schlagen Sommerlatte und Fallou folgende sechs Leitfragen vor:[162]

- Wie wird im Unternehmen kommuniziert?
- Wie verlässlich funktioniert die Organisation?

162 Ebd., S. 18 ff.

- Welche Perspektive hat das Unternehmen?
- Wie stark identifizieren sich die Mitarbeitenden mit dem Unternehmen?
- Wie hoch ist die Wertschätzung der Mitarbeitenden durch die Unternehmensleitung?
- Wie ausgeprägt ist das Gefühl, zu einer Gemeinschaft zu gehören?

Vertrauen zeigt sich also bei Weitem nicht nur im persönlichen Verhalten, sondern betrifft auch strategische, organisatorische und administrative Grundsätze und Funktionsweisen.

Arbeiten in einer Vertrauenskultur bedeutet, dass man auf einer gemeinsamen Wertebasis für ein gemeinsames Ziel und eine gemeinsame höhere Sache so verlässlich wie sichtbar eintritt – man muss sich dafür persönlich nicht einmal besonders mögen, jedoch respektieren und eine hinreichend große Schnittmenge der Werte erreichen.

Folgt eine Organisation geschlossen diesem Credo, stellt sich unweigerlich das Systemvertrauen als höchste Stufe der Vertrauenskultur ein. Die Vertrauenskultur wird essenzieller Baustein der Unternehmens- oder Organisationskultur.

Dabei kann man als Führungskraft auf das erwünschte Vertrauen nur hoffen – Vertrauen wird eben geschenkt und kann nicht angeordnet werden.

Kulturbildung

Die Schaffung einer vertrauensbasierten, kooperationsgeprägten Unternehmenskultur mit entsprechenden Werten und Verhaltensweisen soll uns besonders interessieren. Diese Art der Kultur bezeichnen wir hier als *erfolgversprechend*, weil sie es zum Ziel hat, in besagter Atmosphäre des Vertrauens, der Wertschätzung und der Verantwortungsübernahme wirtschaftlich gewünschte Ergebnisse zu erreichen, um damit die Überlebensfähigkeit eines Unternehmens zu garantieren. Nur überlebensfähige Unternehmen sind in der Lage, ihren Daseinszweck zu erfüllen.

Eine Kultur kann aus spontanen Äußerungen, Vorlieben, Glaubenssätzen und Handlungen innerhalb einer zusammengewürfelten Gruppe entstehen. Bei Unternehmensgründungen geben der Gründer oder das Gründungsteam oft bewusst oder unbewusst den Anstoß zur Kulturbildung. In einer funktionierenden Organisation haben sich Glaubenssätze, Werte, Verhaltensweisen und Rituale herausgeprägt, die akzeptiert sind, gepflegt werden und an Neulinge teils bewusst und teil implizit weitergegeben werden.

Führung und Mut

In einer erfolgversprechenden Führungskultur werden mutige Menschen nicht vorrangig für Fehler kritisiert, sondern für ihr Vorangehen wertgeschätzt.

Führung und Work-Life-Balance

Die richtige Work-Life-Balance ist in der Tat essenziell für ein gelungenes, zufriedenstellendes Arbeitsleben und damit auch die Voraussetzung für den Aufbau einer vertrauensbasierten Kultur, in der Menschen gern Verantwortung übernehmen. Wie genau die zeitlichen und mengenmäßigen Verhältnisse von Arbeits- und Privatleben aussehen, ist unternehmensbezogen zu sehen und auszuhandeln. Dieses Verhältnis und Verständnis muss dann aber einheitlich gehalten und transparent kommuniziert werden, um überhaupt akzeptiert zu werden und damit Teil einer erfolgversprechenden Unternehmenskultur zu sein.

Führung und Kundenorientierung

Eine erfolgversprechende Führungskultur hält Führungs- und Nachwuchskräfte, die den Kundenblickwinkel konsequent einnehmen, nicht nur *aus*, sondern *hoch*. Umso mehr, wenn sie hartnäckig gegensteuern, falls der Kundenbedarf und der zu schaffende Mehrwert für den Kunden aus dem Fokus geraten.

Entscheiden und Verändern

Die Begrenzung des Wissens, der Entscheidungsgrundlagen, der Halbwertzeit von Entscheidungen werden in einer erfolgversprechenden Führungskultur akzeptiert und offen kommuniziert. Wer auf bestehende Unsicherheiten hinweist, gilt nicht als schwach, sondern setzt den Rahmen für Entscheidungen und Aktionen, gibt Orientierung, gewinnt Glaubwürdigkeit – entsprechendes Handeln vorausgesetzt. Mögliche spätere Kursänderungen aufgrund neuer Erkenntnisse werden nicht als Makel, sondern als Norm und Chance zu lernen begriffen.

Klare Kommunikation auf Augenhöhe

In einer erfolgversprechenden Führungskultur folgt die Kommunikation klaren Regeln und wird bevorzugt im direkten Austausch vollzogen, sei es physisch im selben Raum oder digital gestützt. Sie ist dabei nie Selbstzweck. Kommunikationsrituale werden dosiert vollzogen und müssen der Wertschöpfung dienen, wobei auch das ungezwungene soziale Miteinander durchaus erwünscht ist. Im Idealfall reflektiert die Kommunikation das als positiv empfundene Wertegerüst und Menschenbild des Unternehmens. Die Topführungskräfte sind besonders in der Pflicht, mit ihrer Kommunikation Orientierung zu geben und Vertrauen zu stärken.

Ungeachtet der Hierarchieebene begegnen sich die Kommunikationsteilnehmer in der Organisation menschlich auf Augenhöhe, sie tauschen sich aus und hören einander zu.

Fairness, Anstand und Anerkennung

Führungskräfte zeigen Anstand, wenn sie Mitarbeitenden vertrauen und sie fair, mit Respekt und nicht als reines Mittel zu irgendeinem Zweck, sondern als immanenten Teil der Organisation behandeln. Sie sind anständig, wenn sie auf unnütze Privilegien verzichten können, wenn sie sich nicht um Unangenehmes drücken, wenn sie für ihr Team im Wind stehen. Anstand bedeutet, Erwartungen ins richtige Verhältnis zu setzen. Führungskräfte sind anständig, wenn sie konsequent, moralisch und sachbezogen den von ihrer Rolle erwarteten Anteil leisten und ihrem Team den Erfolg ermöglichen.

Anstand in diesem Sinne fördert die Kooperation, das Vertrauen und das Gefühl für Verantwortung in einer Organisation.

Merkmale echter Teams

Zum Thema *Effektivität und Vorteile von Teams* gilt J. Richard Hackman mit seinen weitreichenden und über Jahrzehnte geführten Untersuchungen als fachliche Autorität. Hackman widmet der Ermöglichung einer optimalen Teamleistung größte Aufmerksamkeit. Er destilliert fünf entscheidende Faktoren heraus:

- Ein Team muss ein echtes Team (mit hinreichend Autonomie) sein;
- es muss eine überzeugende Zielrichtung, man könnte modern auch sagen, einen Purpose haben;
- es muss eine ermöglichende Struktur aufweisen;
- es muss in einem unterstützenden organisatorischen Kontext arbeiten;
- die Teammitglieder müssen von einem kompetenten Coaching profitieren können.

12.3 Führung nach dem Verantwortungsprinzip

Direkte und indirekte Führung

Ich schlage eine Art *direkter* und *indirekter* Führung vor, in einigen Managementlehren bereits als *disziplinarische* und *funktionale* Führung bekannt. Von essenzieller Wichtigkeit ist aber nun, dass auch die funktionalen Nachwuchs- und Führungskräfte in das existierende oder neu zu schaffende *Führungscurriculum des Unternehmens* aufgenommen werden. Bisher ist dies, bis vielleicht auf sehr wenige Ausnahmen, den disziplinarisch Verantwortlichen vorbehalten.

Führungsrahmen nach dem Prinzip der Verantwortungsübernahme (›Verantwortungsführung‹)

- Neuaufsatz des Führungsverständnisse durch die Gleichberechtigung von direkter (= disziplinarischer) und indirekter (= fachlicher oder besser funktionaler) Führung; beide Arten von Führungskräften sind voll in das Entwicklungs- und Weiterbildungscurriculum für (Nachwuchs-)Führungskräfte des Unternehmens eingebunden, sie können zwischen den Laufbahnen jederzeit wechseln.
- Disziplinarische Führungskräfte übernehmen klassische Personalverantwortung, sie können einstellen, beurteilen und entlassen; darüber hinaus unterschreiben sie bei Geschäftsvorfällen und können oder müssen, je nach Ermächtigung, das Unternehmen rechtlich nach innen und außen vertreten.

- Funktionale Führungskräfte haben vor allem koordinierende und, zu einem gewissen Teil, fachliche Verantwortung, sie können Personal fach- oder rollenbezogen anweisen und Beurteilungen mitvornehmen; weitere Ermächtigungen und Befähigungen ergeben sich aus dem Rollen- und Arbeitskontext ebenso wie aus den Bedarfen oder Gepflogenheiten des Unternehmens.
- Bestimmt wird das Führungsverständnis durch *den Grad und die Art der übernommenen Verantwortung*, nicht mehr durch die reine Funktion, Position oder disziplinarische Befugnis.
- Appelliert wird nicht an das vermeintliche Streben nach Prestige, Status, Mehrgehalt – appelliert wird an das Bedürfnis, dem eigenen Handeln einen Sinn und Zweck zu geben und andere zu gewinnen, an gemeinsamen, sinnvollen Projekten zu arbeiten und dafür *verantwortlich* zu sein (wer dabei auch nach Status strebt, bekommt ihn gleichwohl automatisch).
- Beide Arten von Führungskräften können, egal auf welcher Hierarchie- oder Senioritätsstufe, *Leadership* zeigen, *Verantwortung übernehmen* und *Entscheidungen treffen*, ja sie werden nach dem neuen Verständnis sogar dazu ermuntert.

Führungsverantwortung im Sinne des Verantwortungsprinzips

Führungsverantwortung im Sinne des Verantwortungsprinzips liegt vor, wenn das zu liefernde Ergebnis, für das eine Person – eben die Führungskraft – geradesteht, von mehreren anderen Personen abhängt,

- die als virtuelles oder institutionalisiertes Team koordiniert beziehungsweise
- deren Arbeitsbeiträge oder Entscheidungen mindestens koordiniert werden müssen, jedoch bei Bedarf auch eingefordert werden dürfen.

Die zwei Dimensionen der Verantwortung

Führungskräfte haben folgende zwei Verantwortungen wahrzunehmen:

1. *Ergebnisverantwortung* – die Verantwortung, dass das gewünschte Arbeitsergebnis erreicht wird.
2. *Ermöglichungsverantwortung* – die Verantwortung, dass alle an der Erarbeitung Beteiligten ihren Beitrag optimal leisten können, gegebenenfalls ihren gesamten Arbeitszuschnitt selbst schaffen können.

Führung nach dem Verantwortungsprinzip bei Störungen

In einer stark selbstorganisierten Arbeitsumgebung, und diese setzen wir hier voraus, sollte die Führungskraft nicht eingreifen, solange die gewünschte, für den Unternehmenserfolg erforderliche und im Arbeitsauftrag des Teams enthaltende Leistung nebst Ergebnissen erbracht wird. Insoweit nehmen sich Führungskräfte zurück, sind fast überflüssig.

Wenn aber diese Leistung in Gefahr ist, beispielsweise durch

- abnehmende oder gänzlich fehlende Klarheit der Mission oder schlicht des Arbeitsauftrags,
- fachlich nicht befähigte Teammitglieder,
- persönlich nicht befähigte Teammitglieder,
- ein Klima destruktiver Konflikte,
- zu viel Harmonie bis hin zur selbstzufriedenen Trägheit,
- fehlende oder fehlerhafte Arbeitsmittel,
- eine ungünstige Arbeitsorganisation,
- eine schlechte Infrastruktur
- von außen herangetragene massive Störungen oder weitere Hindernisse,

dann ändert sich die Lage komplett. Gerade für Führungsneulinge kann das nun Gefragte sehr schnell sehr anspruchsvoll werden. Jetzt muss die Führungskraft im Dienst der Sache und – seltsamerweise oft nicht so gesehen – der Menschen operativ einschreiten und beispielsweise

- klärende, Orientierung gebende Gespräche führen,
- Weiterbildungen anregen und auswählen,
- Konflikte lösen,
- organisatorische Verbesserungen herbeiführen,
- Entscheidungen, fallweise unter Einbindung Dritter, herbeiführen
- Entscheidungen allein treffen und durchsetzen

oder was immer zur Wiederherstellung möglichst optimaler Arbeitsbedingungen – also Bedingungen zur Erbringung der gewünschten Leistung – erforderlich ist.

Führung ohne Ballast und mit Perspektive

Für die junge Generation – und wiederum, wer weiß, auch für manche reiferen Semester – muss Führung attraktiv werden. Oder drücken wir es noch deutlicher aus: Führungsaufgaben müssen den vermeintlichen Schrecken verlieren. Neu gedachte Führungsrollen und Karrierewege können zudem auch dem ambitionierten Nachwuchs frühe und attraktive Perspektiven bieten.

Führung im geschützten Raum

Zu einem geschützten Experimentierraum gehören mindestens

- ein organisatorischer Rahmen in puncto Arbeitszeit und Arbeitsort, der der Nachwuchskraft entgegenkommt,
- ein systematisches Einüben der Rückmeldung bis hin zu einem konstruktiven Kritikverständnis,
- das systematische Heranführen an die Gewährung von bzw. den Umgang mit Freiraum,
- die systematische Vermittlung und Einübung der Mechanik von Entscheidungen mit Tragweite für andere,

- die dauerhafte Ermunterung, etwas zu wagen, und das Misslungene als erwarteten Teil der Lernkurve zu betrachten, während das Positive umso stärker betont wird,

damit eine Organisation die vorhandene Einsatzbereitschaft der Nachwuchskräfte und Entwicklungsinteressierten in ein dauerhaftes Interesse an Führung ummünzen kann.

Nachwuchskräfte sollten Führung im Experimentierraum erlernen, um die notwendige *Verantwortungsfähigkeit* zu erlangen. Die Verantwortungsfähigkeit ist das Bindeglied zwischen der strukturellen und persönlichen Komponente der Führung. So ist der Grad der Verantwortung in der Organisation festgelegt, die Verantwortungsfähigkeit hingegen Teil der persönlichen Qualifikation. Im höchsten Reifegrad einer solchen Organisation legen die Handelnden ihre Verantwortung selbst fest.

Fertigkeiten der Führung

Grundsätzlich sollten Nachwuchskräfte – übrigens egal, ob sie der jungen Generation angehören oder als reifere Semester erste Führungsverantwortung übernehmen – mit folgenden Fertigkeiten vertraut gemacht werden:

- Verantwortung erkennen und in Arbeitsschritte übertragen
- die Perspektive der externen oder internen Kunden einnehmen
- Entscheidungen auf verschiedenen Grundlagen treffen
- Kommunizieren mit verschiedensten Adressaten
- klärende Gespräche mit Teammitgliedern führen
- Konflikte erkennen, handhaben und im Idealfall lösen
- mit Belastung umgehen

Durchlässige Karrierewege

Eine durchlässige Organisation muss beispielweise folgende Entwicklungs- und Karrierewege zulassen, als normal betrachten und sogar fördern:

Heute	Morgen	Übermorgen
Scrum Master	Teamleiter	Bereichsleiter
Projektleiterin	Scrum Master	Bereichsleiterin
Poduct Owner	Bereichsleiter	Landesgeschäftsführer
Trainee	Subject Matter Expert	Product Owner
Squad Leader	Scrum Master	Gruppenleiterin
Bereichsleiter	Chapter Leader	Geschäftsführer
Produktmanagerin	Agile Coach	Produktmanagerin
Key Account Manager	Chapter Leader	Geschäftsführerin
Subject Matter Expert	International Trainee	Product Owner

Nach dem neuen Führungsverständnis mit seinem Ermöglichungsauftrag könnte und sollte sich die funktionale Führungskraft auch um folgende Fragen kümmern:

- Warum soll ein Product Owner nicht Anregungen für Weiterbildungen geben können?
- Warum soll ein Scrum Master nicht ermitteln, welchen zumindest formellen Qualifizierungsbedarf ein (Development-)Team hat?
- Warum können sich Projektleiterin und Projektteam nicht immer mal wieder zusammensetzen und darüber befinden, inwieweit und wo man Aufholbedarf an Wissen hat und wie sich dieses optimal erwerben lässt?

In vielen Frameworks sind sogenannte *Check-ins*, etwa durch *Enablement Coaches*, ohnehin schon fester Bestandteil des Programms. Gerade im US-amerikanischen Kontext beziehen sich diese Gespräche nicht nur auf inhaltliche oder strukturelle Themen, sondern auch auf persönliche, etwa mit folgenden Leitfragen:

- »Fühlst du dich in der Lage, deine optimale Leistung abzurufen?«
- »Fehlt dir eine Kompetenz oder Fertigkeit, um besser zu werden?«
- »Mir wird aus dem Team gespiegelt, dass Sie Ihre Arbeitspakete öfter nicht pünktlich abliefern. Stimmt dies und woran liegt es Ihrer Meinung nach?«
- »Haben Sie Ihr Budget an Weiterbildung bereits verwendet oder ist noch etwas vorhanden? Wie wollen oder können Sie es einsetzen?«

Die Aufgaben der Personalentwicklung zur Herstellung von Verantwortungsfähigkeit

1. Problembewusstsein schärfen, neues Führungsverständnis sichern
2. Verbindlichkeit der etablierten Führungskräfte sichern
3. Verbindlichkeit der Nachwuchskräfte sichern
4. Vertrauensklima erzeugen und sichern
5. Befähigung zur Verantwortungsübernahme (›Verantwortungsfähigkeit‹) durch Qualifizierung und Mentoring

12.4 Auswertung der Führungsgespräche

Die Art der Auswertung

Baer	schriftliche Antworten, einmal nachbearbeitet im Dialog
Beichelt	transkribiertes Interview, nur leicht lektoriert an den Stellen, an denen es die grammatische Richtigkeit erforderte
Biver, J. C.	schriftliche Antworten, nur leicht lektoriert an den Stellen, an denen es die grammatische Richtigkeit erforderte
Biver, P.	schriftliche Antworten, nur leicht lektoriert an den Stellen, an denen es die grammatische Richtigkeit erforderte

Boyens	transkribiertes Interview, nur leicht lektoriert an den Stellen, an denen es die grammatische Richtigkeit erforderte
Bracker	transkribiertes Interview, nur leicht lektoriert an den Stellen, an denen es die grammatische Richtigkeit erforderte
Bräutigam	transkribiertes Interview, nur leicht lektoriert an den Stellen, an denen es die grammatische Richtigkeit erforderte
Gargulio	transkribiertes Interview, nur leicht lektoriert an den Stellen, an denen es die grammatische Richtigkeit erforderte
Mehlan	transkribiertes Interview, nur leicht lektoriert an den Stellen, an denen es die grammatische Richtigkeit erforderte
Schäffler	transkribiertes Interview, in einer zweiten Kommunikationsschleife ergänzt, nur leicht lektoriert an den Stellen, an denen es die grammatische Richtigkeit erforderte
Son	ins Deutsche übersetztes Interview, grammatikalisch leicht angepasst, thematische Abschweifungen eliminiert
Spies	schriftliche Antworten
Welter	transkribiertes Interview, nur leicht lektoriert an den Stellen, an denen es die grammatische Richtigkeit erforderte
Wittenberg	transkribiertes Interview, nur leicht lektoriert an den Stellen, an denen es die grammatische Richtigkeit erforderte

Frage 1

Hat sich aus Ihrer Sicht das Verständnis von Führung über die Jahrzehnte geändert – wenn ja, wie?

Baer	weniger Kontrolle, mehr Partizipation; jedoch mehr Risikobereitschaft nach wie vor bei Unternehmern	K
Beichelt	Post-Corona, mobiles Arbeiten	S
Biver, J. C.	Professionalität der Ausbildung, branchenübergreifend	S
Biver, P.	Zuhören, denn fähige Führungskräfte sind noch immer ein Vorbild	K
Boyens	Übergang von patriarchalischen zu partizipativen Führungsformen bei Kontinuität des Leistungsverständnisses	K
Bracker	stärkere Partizipation der Führungskräfte und Mitarbeitenden	K
Bräutigam	Post-Corona, mobiles Arbeiten	S
Gargulio	Verlust der Bedeutung fachlicher Fähigkeiten der Führungskraft, mehr Befähigung und Ermächtigung für die Mitarbeitenden gefragt	K
Mehlan	emotionale Ebene bei erfolgreicher Führung wichtiger, Verlust der Wirkung struktureller Faktoren	K

Schäffler	Führung viel stärker auf Augenhöhe – vom Vorstand ausgehend in das Unternehmen hinein; Verantwortungsübernahme seitens der Führungskräfte und Mitarbeitenden erforderlich	K
Son	von der patriarchalischen zur partizipativen Führung – mit vollem Einsatz und durchaus traditionellem Leistungsverständnis, kulturübergreifend	K
Spies	von der patriarchalischen bis sogar autoritären Führung mit allen strukturellen Insignien hin zu einer weniger hierarchischen Führung, die Schwächen der Führungskraft anerkennt, jedoch auch vom Team Leistungs- und Lernbereitschaft einfordert	K
Welter	zwei Trends: a) Post-Corona, mobiles Arbeiten b) das strukturelle Aufbrechen der eventuell bankentypischen Silos hin zu einer agilen, verbindenden Arbeitsweise	S
Wittenberg	von der patriarchalischen zur partizipativen Führung – mit der Gefahr, dass bei aller Empathie der Leistungsfokus verloren geht	K

K=Antworten mit stärkerem Bezug zu Kultur und Verhalten

S=Antworten mit stärkerem Bezug zu Struktur und Technologie

Frage 2
Welche besondere Führungskrise haben Sie erlebt (bei sich oder um Unternehmen) und wie haben Sie diese bewältigt?

Baer	Problem: wirtschaftliche Krise in der Branche durch Coronapandemie Lösung: schnelle, klare Entscheidungen treffen, auch mit lokalem Fokus, Einforderung branchenweiter Solidarität	S/K
Beichelt	Problem: Verschiebung von Verantwortung und Einfluss von einem Bereich zu einem anderen, dadurch Entmachtung der einen und Ermächtigung der anderen Seite Lösungsansatz: Vorhaben konsequent und mit aller Transparenz umsetzen	S
Biver, J. C.	Problem: fehlende Leidenschaft Lösungsansatz: dafür sorgen, dass möglichst viele im Unternehmen diese Leidenschaft mitbringen und zeigen	K
Biver, P.	Problem: bisher noch keine existenzielle Problemlage Lösungsansatz (präventiv): Wachsamkeit, Risiken erfassen	K
Boyens	Problem: plötzlicher starker Personalabgang Lösungsansatz: Rekrutierung umstellen und noch stärkeren Fokus auf die gewünschten Werte und Motivationshaltung seitens der Neuankömmlinge legen	K
Bracker	Wechsel von einem streng patriarchalischen zu einem eher demokratischen und partizipativen Führungsverständnis	K

Bräutigam	Problem: Sicherstellung einer vertrauensvollen Arbeitskultur, in der man unternehmerisch Verantwortung übernimmt und Fehler erlaubt sind Lösungsansatz: sich von Personen trennen, die diese Werte torpedieren	K
Gargulio	Problem: Team in einer insgesamt wirtschaftlichen Krisenlage als Führungskraft übernommen Lösung: intensive Kommunikation, Zuversicht und Orientierung geben, alle Stakeholder systematisch einbeziehen	K
Mehlan	Problem: Führungs- und Fachkräftemangel Lösungsansatz: Aufteilung von personeller und fachbezogener Verantwortung	S
Schäffler	Problem: Hackerangriff Lösungsansatz: Krisenteam bilden, Aktionen eng abstimmen und mit klarer Kommunikation und Weisungsbefugnis umsetzen	S
Son	Problem: eigener Führungsstil vom Team als zu autoritär empfunden Lösungsansatz: Bewusstwerdung und Hinterfragen, ob man demokratisch genug ist	K
Spies	Problem: exogene Krisen wie die Finanzkrise 2009, die Coronapandemie oder die Flutkatastrophe im Ahrtal und ihre Auswirkung auf die Betriebsabläufe Lösungsansatz: Kommunikation und Teamgeist stärken, auch mit physischer Präsenz auf ein gemeinsames Ziel einschwören	K
Welter	Problem: hartnäckige Alltagskrisen in der Zusammenarbeit Lösungsansatz: systematisch vorgehen, indem man Gespräche führt, Hilfe anbietet, und bei anhaltendem ›Nichthineinpassen‹ in die Organisation die Trennung vollziehen	K
Wittenberg	Problem: Scheitern eines Veränderungsprojekts, weil die Methodik und Voraussetzung aus dem vorherigen Unternehmen als Basis dienten Lösungsansatz: Neuaufsetzen unter Anpassung an die spezifische Unternehmenskultur	K

Frage 3

Was haben Sie von Nachwuchs(führungs)kräften gelernt?

Baer	höhere Flexibilität, Anpassungsfähigkeit und Teamorientierung	K
Beichelt	Digitalisierung	S
Biver, J. C.	Innovationsfähigkeit, Mut, Risikofreude	K
Biver, P.	Adaption und Abstimmung, sofern man vom Unternehmen und Produkt überzeugt ist	K

Boyens	aktives Entdecken junger Talente, besonders in großen Unternehmen herausfordernd, denn dort Sichtbarkeit per se gering	S
Bracker	Prioritätensetzung im Leben und digitales Arbeiten	S/K
Bräutigam	auf den Sinn im persönlichen Handeln und in der Mission des Unternehmens zu achten	K
Gargiulio	agile teamorientierte Zusammenarbeit und Problemlösungen, Begegnung auf Augenhöhe ohne Denkverbote – vom Start weg über den gesamten Lebenszyklus eines Projektes	K
Mehlan	bessere Work-Life-Balance als legitimes Anliegen	K
Schäffler	Digitalisierung	S
Son	Führung=andere zum Glänzen bringen	K
Spies	Impulse, einander zu vertrauen und sich einzubringen, großes Engagement zu erfahren, wenn man junge Talente machen lässt	K
Welter	Digitalisierung, neue Technologien – darüber hinaus Lernen von Menschen allgemein, in vielerlei Hinsicht	S
Wittenberg	Digitalisierung	S

Frage 4

Junge Talente haben wohl schon immer neue Impulse eingebracht und Forderungen gestellt, mal mehr, mal weniger vehement. Inwieweit sollte eine Organisation auf diese eingehen?

Baer	unbedingt darauf eingehen, weil es die Kreativität und Anpassungsfähigkeit des Unternehmens fördert	K/S
Beichelt	Erwartung von Initiative, Impulsen und Eigenverantwortung	K
Biver, J. C.	kaum Grenzen setzen, die junge Generation bringt die Zukunft	K
Biver, P.	sich eher bremsen, alle mit Herzblut dabei	K
Boyens	Fokus auf die besonders Leistungsfreudigen: unbedingt auf sie eingehen, sonst verlassen sie die Organisation	K
Bracker	Fokus auf den Beitrag zur Wertschöpfung des Unternehmens	S
Bräutigam	auf die Wünsche nur insoweit eingehen, als sie die eigene Unternehmenskultur stärken und konstruktive Impulse bringen	S
Gargulio	auf die Wünsche nur insoweit eingehen, als sie die eigene Unternehmenskultur stärken und konstruktive Impulse bringen – und sich organisatorisch, auch im Sinne der Gleichberechtigung und Fairness, umsetzen lassen	K/S
Mehlan	dito: Auf die Wünsche nur insoweit eingehen, als sie die eigene Unternehmenskultur stärken und konstruktive Impulse bringen – und sich organisatorisch, auch im Sinne der Gleichberechtigung und Fairness, umsetzen lassen	K/S

Schäffler	dito: Auf die Wünsche nur insoweit eingehen, als sie die eigene Unternehmenskultur stärken und konstruktive Impulse bringen – und sich organisatorisch, auch im Sinne der Gleichberechtigung und Fairness, umsetzen lassen	S
Son	Talente zu halten als oberstes Gebot, hierfür so viel wie möglich tun	K
Spies	so weit wie möglich auf die junge Generation eingehen, da sie die Leistungsträger von morgen stellt und frische Impulse setzt, technologiebejahend ist – sofern sie grundsätzlich ihren Beitrag zum Erfolg leisten will	K
Welter	Talente anziehen und halten, solange die Organisation dies verkraftet	S
Wittenberg	ein Muss: gesunde Work-Life-Balance und familiäre Gleichberechtigung – darüber hinaus geben die Strukturen und Prozesse des Unternehmens den Takt vor, mobiles Arbeiten etwa funktioniert nicht für jeden Arbeitsplatz	K

Frage 5

Welche persönliche Stellungnahme, welches Anliegen zum Thema Führung liegt Ihnen am Herzen – auch zum Selbstbild und zur Selbstinterpretation von Führungskräften?

Baer	gelingende Führung nur in der holistischen Betrachtung eines Wertekanons möglich, der sich zwischen Unternehmen oder Branchen in Nuancen oder Gewichtungen unterscheiden kann	K/S
Beichelt	Eigeninitiative zeigen	K
Biver, J. C.	Nachfolge sichern, ein Haus bestellt übergeben	K
Biver, P.	die jungen Leute machen lassen, sie sind die Zukunft	K
Boyens	stärkeres Einbringen von Topführungskräften, angesichts ihrer gesellschaftlichen Stellung, in den öffentlichen Diskurs	K
Bracker	mehr Unternehmertum wagen, weniger Fokus auf Risiko und Besitzstandswahrung	K
Bräutigam	Man kann nicht genug kommunizieren – vor allem in Veränderungsprozessen.	K
Gargulio	höchste Aufmerksamkeit nicht für Zahlen, sondern für Menschen	K
Mehlan	bei aller Ergebnisorientierung nie die emotionale Komponente von Führung vergessen	K
Schäffler	Förderung von Diversität, auch im Sinne der Geschlechtergerechtigkeit, als Teil der Führung	K
Son	ein hohes Niveau an Motivation, Partizipation und Kreativität im Team aufrechterhalten	K

Spies	Führung als persönliche Beziehung, selbst in sehr großen Unternehmen – daher sollten Führungskräfte aus einer inneren Haltung heraus mit Empathie eine Atmosphäre des Vertrauens, der Offenheit und des positiven Hinterfragens (auch von sich selbst) aufbauen	K
Welter	Führung bedeutet, Menschen zu entwickeln, indem man ihnen die Möglichkeit und den Raum gibt zu wachsen	K
Wittenberg	gesamtgesellschaftliches Verständnis von Führung – mehr Rollenvorbilder für ein familienfreundliches und inklusives Arbeiten	K

Literaturverzeichnis

Adair, John (1973): *Action-Centred Leadership*. McGraw-Hill.

Agile Heroes/Schwaber, Ken (2019): *Powerbook Scrum Master + Product Owner*. Agile Heroes GmbH, akkreditiertes Trainingsinstitut für deinen Erfolg/Scrum.org.

Allak, Hasan (2024): *Weg mit dem tradierten Betriebssystem!* WirtschaftsWoche online vom 17.02.2024. Online verfügbar unter: https://www.wiwo.de/erfolg/beruf/zukunft-der-buero-arbeit-weg-mit-dem-tradierten-betriebssystem/29654542.html

Backovic, Lazar (2021): *Führung. Nahbarer, reflektierter, klarer.* In: Handelsblatt Nr. 135, 16./17./18. Juli 2021, S. 48 ff.

Barnard-Bahn, Amii/Le Pertel, Noémie (2023): *Was Führungskräfte von Managern unterscheidet*. Harvard Business Manager online, 07.09.2023. Online verfügbar unter: https://www.manager-magazin.de/harvard/fuehrung/leadership-was-fuehrungskraefte-von-managern-unterscheidet-a-57a2fbdb-0809-4abe-947b-7c45db39b141

Beil, Julia (2023): *Warum es heute so schwer ist, Führungskraft zu sein.* In: Handelsblatt Nr. 251, 29. Dezember 2023 bis 1. Januar 2024, S. 18 ff.

Belkin, Douglas et al. (2023): *»How Do I Do That?« The New Hires of 2023 Are Unprepared for Work. Remote learning during the pandemic left students short of basic skills. Now companies are trying to teach them on the job.* The Wall Street Journal. Online verfügbar unter: https://www.wsj.com/articles/lost-learning-remote-pandemic-workplace-skills-new-employees-51351b33

Bennis, Warren/Nanus, Burt (2007): *Leaders. Strategies for Taking Charge*. Collins Business Essentials.

Bergmann, Frithjof (2019): *New Work New Culture: Work We Want and a Culture That Strengthens Us*. Zero Books.

Bower, Marvin (1966): *The will to manage: corporate success through programmed management*. McGraw-Hill.

Bower, Marvin (1997): *The will to lead: running a business with a network of leaders.* Harvard Business School Press.

Braunberger, Gerald/Theile, Gustav (2023): *Trumpf-Chefin im Interview: »Work-Life-Balance finde ich fürchterlich«*. FAZ, 12.05.2023 sowie, aktualisiert, online verfügbar unter: https://www.faz.net/aktuell/wirtschaft/unternehmen/trumpf-chefin-wie-produktiv-ist-die-4-tage-woche-18886037.html

Buchheim, Constanze (2023): *Verantwortung ist uns nicht in die Wiege gelegt worden.* Rethink Work-Podcast, 30.01.2023. Online verfügbar unter: https://www.handelsblatt.com/audio/rethink-work-podcast/handelsblatt-rethink-work-headhunterin-constanze-buchheim-verantwortung-ist-uns-nicht-in-die-wiege-gelegt-worden/28949408.html

Deloitte (2023): *2023 Gen Z and Millennial Survey*. Online verfügbar unter: https://www2.deloitte.com/de/de/pages/innovation/contents/millennial-survey.html

Deters, Jannik et al. (2022): *Diese jungen Leute …* In: WirtschaftsWoche 37/2022, S. 37.

Domke, Britta (2023): *2115 Dollar für ein Treffen mit dem CEO*. Harvard Business Manager 10/2023, S. 11.

Domke, Ulla/Granica, Martin (2019): *Mutig Führen. Wie Sie in Unternehmen die Lust auf Verantwortung wecken*. Schäffer-Poeschel.

Drucker, Peter (1954): *The Practice of Management*. Harper&Row.

Drucker, Peter (2006): *Classic Drucker. Essential Wisdom of Peter Drucker from the Pages of the Harvard Business Review*. Harvard Business School Publishing Corporation.

Field, Emily/Hancock, Bryan/Schaninger, Bill (2023): *Führen in der Sandwichposition*. In: Harvard Business Manager 11/2023, S. 22 ff.

Flynn, Francis J./Lide, Chelsea: *Communication Miscalibration: The Price Leaders Pay for Not Sharing Enough*. Academy of Management Journal Vol. 66, No 4; deutsche Zusammenfassung: Harvard Business Manager 4/2023. Online verfügbar unter: https://www.manager-magazin.de/harvard/fuehrung/fuehrungsstil-keine-angst-vor-zu-viel-kommunikation-a-70d2404c-ae9c-46a0-b48e-d45e488f5fec

Fritz, Martin (2023): *Wie japanische Unternehmen durch Kaizen immer besser werden*. WirtschaftsWoche online vom 04.04.2023. Online verfügbar unter: https://www.wiwo.de/my/unternehmen/dienstleister/von-japan-lernen-wie-japanische-unternehmen-durch-kaizen-immer-besser-werden/29076338.html

Fröndhoff, Bert/Matthes, Sebastian/Rauffmann, Theresa (2023): *Bill Anderson: »Der Wandel bei Bayer wird gewaltig«*. In: Handelsblatt Nr. 238, 8./9./10. Dezember 2023, S. 11 ff.

Fröndhoff, Bert/Rauffmann, Theresa (2023): *Bill Anderson und seine Pläne bei Bayer: Nach außen locker, nach innen radikal*. Handelsblatt Nr. 238, 8./9./10. Dezember 2023, S. 10.

Gailey, Rose et al. (2023): *Aligning culture with the bottom line: Putting people first*. Heidrick&Struggles.

Geffroy, Edgar K. (1993): *Das Einzige, was stört, ist der Kunde*. Redline Wirtschaft.

Gelowicz, Svenja (2023): *»Viele Babyboomer sind an ihre Belastungsgrenzen gekommen«*. WirtschaftsWoche online vom 18.02.2023. Online verfügbar unter: https://www.wiwo.de/erfolg/management/generation-babyboomer-viele-babyboomer-sind-an-ihre-belastungsgrenzen-gekommen/28792358.html

Genius, Kilian et al. (2023): *Ansprüche vor erstem Arbeitstag. Worauf die Generation Z bei der Berufswahl schaut*. N-TV.de vom 05.11.2023. Online verfügbar unter: https://www.n-tv.de/wirtschaft/Worauf-die-Generation-Z-bei-der-Berufswahl-schaut-article24510561.html

Geramanis, Olaf/Hutmacher, Stefan (Hrsg.) (2019): *Der Mensch in der Selbstorganisation – Kooperationskonzepte für eine dynamische Arbeitswelt*. Springer Gabler.

Götsch, Antonia (2023): *War Empathie nur eine Mode?* Harvard Business Manager online vom 18.07.2023. Online verfügbar unter: https://www.manager-magazin.de/harvard/war-empathie-als-fuehrungsstil-nur-eine-mode-a-08206e55-39ee-4626-b9f7-c9eb0a07e934

Groth, Aimee (2020): *Zappos has quietly backed away from holacracy*. Online verfügbar unter: https://qz.com/work/1776841/zappos-has-quietly-backed-away-from-holacracy

Hackman, Richard J. (2002): *Leading Teams: Setting the Stage for Great Performances*. Harvard Business Review Press.

Hart, Jordan (2023): *Managers say Gen Zers aren't getting work done and lack basic social skills – and it's driving them crazy*. Business Insider online. Online verfügbar unter: https://www.businessinsider.com/managers-speak-out-about-experiences-with-gen-z-employees-2023-8

Hinterhuber, Hans H./Krauthammer, Eric (1997): *Leadership – mehr als Management*. Gabler Verlag (heute Springer Gabler).

Hoffmann, Maren (2024): *Deutschlands erschöpfte Chefs*. Manager Magazin online vom 15.02.2024. Online verfügbar unter: https://www.manager-magazin.de/karriere/deutschland-zwei-drittel-der-fuehrungskraefte-sind-erschoepft-umfrage-a-e1bfba0c-7c11-46bc-9155-3b661bf0adfe

Hofstede, Geert (1991): *Cultures and Organizations. Software of the Mind*. McGraw-Hill International (UK) Limited.

Höß, Andreas (2023): *Arbeitsforscher: »Es wurde nie so viel gearbeitet wie heute«*. Interview mit Enzo Weber auf merkur.de vom 05.06.2023. Online verfügbar unter: https://www.merkur.de/wirtschaft/arbeitsforscher-nie-so-viel-gearbeitet-heute-4-tage-woche-flexible-arbeitszeit-enzo-weber-nuernberg-92318005.html

Hunt, Vivian (DBE)/Dixon-Fyle, Sundiatu et al. (2023): *Diversity matters even more: The case for holistic impact*. McKinsey & Company, Report vom 5. Dezember 2023. Online verfügbar unter: https://www.mckinsey.com/featured-insights/diversity-and-inclusion/diversity-matters-even-more-the-case-for-holistic-impact

Katzenbach, Jon R./Smith, Douglas K. (1993): *The Discipline of Teams*. In: Harvard Business Review, March-April 1993. Online verfügbar unter: https://hbr.org/1993/03/the-discipline-of-teams-2

Katzenbach, Jon/Smith, Douglas K. (2002): *The Wisdom of Teams*. Collins.

Klude, Carsten (2019): *Das Ende der Globalisierung*. Capital.de vom 25.06.2019. Online verfügbar unter: https://www.capital.de/wirtschaft-politik/das-ende-der-globalisierung

Klude, Carsten (2019): *Das Ende der Globalisierung*. Online verfügbar unter: https://www.capital.de/wirtschaft-politik/das-ende-der-globalisierung

Knobbe, Thorsten (2017): *Gipfelstürmer*. Haufe-Lexware.

Knobbe, Thorsten (2023): *Leadership-Strategien sowie Konzepte und Anregungen für Führungskräfte, die mit ihrem Unternehmen den Wettbewerb anführen wollen*. Arbeitsmaterial für das Seminar »Leadership« an der IU Internationale Hochschule, Campus Dortmund.

Kotter, John P. (1990): *A force for change. How leadership differs from management*. The Free Press.

Kotter, John P. (1996): *Leading Change*. Harvard Business Review Press.

Laloux, Frédéric (2014): *Reinventing Organizations: A Guide to Creating Organizations Inspired by the Next Stage in Human Consciousness*. Nelson Parker.

Laudenbach, Peter (2023): *Von wegen Lähmschicht*. In: Brand eins 11/2023, S. 54 ff.

Lewin, K. et. al. (1939): *Patterns of Aggressive Behavior in Experimentally Created Social Climates*. The Journal of Social Psychology, Volume 10.

Liker, Jeffrey K. (2004): *The Toyota Way: 14 Management Principles from the World's Greatest Manufacturer*. CWL Publishing Enterprise.

Liker, Jeffrey K. (2008): *Toyota Culture: The Heart and Soul of the Toyota Way*. McGraw Hill.

Lohr, Steve (1987): *Volvo's New Way Of Making Cars*. In: New York Times, 23. Juni 1987, Section D, S. 1.

Malik, Fredmund (2000): *Führen Leisten Leben. Wirksames Management für eine neue Zeit*. DVA.

Meier, Lutz (2020): *Die neue Kunst der Führung*. In: Capital 08/2020, S. 23–35. Gruner+Jahr.

Michael, Gunar M. (2014): *Tacheles aus der Chefetage*. Campus.

Moser, Michaela (2017): *Hierarchielos führen. Anforderungen an eine moderne Unternehmens- und Mitarbeiterführung*. Springer Gabler.

Murphy, Clarke (2022): *Sustainable leadership. Lessons of vision, courage, and grit from the CEOs who dared to build a better world*. Wiley.

Neff, Thomas J./Citrin, James M. (2005): *You're in charge – now what?* Crown Business.

Norman, Susan (2016): *John Adair: Action-Centered Leadership*. Cambridge University. Online verfügbar unter: https://www.hr.eng.cam.ac.uk/system/files/documents/LunchLearnNov16_0.pdf

Olk, Julian (2022): *Ist die Globalisierung am Ende? Fünf Fakten beweisen das Gegenteil*. Handelsblatt online vom 06.02.2022. Online verfügbar unter: https://www.handelsblatt.com/politik/konjunktur/nachrichten/aussenhandel-ist-die-globalisierung-am-ende-fuenf-fakten-beweisen-das-gegenteil/28040866.html

Oltmanns, Torsten/Nemeyer, Daniel (2010): *Machtfrage Change*. Campus.

Peters, Thomas J./Waterman Robert H. (1993): *Auf der Suche nach Spitzenleistungen*. 15. Auflage. mi Business.

Petersen, Suzanne J. et al. (2021): *Führung. Finden Sie Ihren Stil* (im Original: *How to develop your leadership style*). In: Harvard Business Manager 02.2021, S. 36–47.

Rausch, Alexandra (2009): *Steigerung der Meeting Performance als Managementaufgabe*. In: ZfCM, 53. Jg., Heft 6, S. 376–383.

Rautenberg, Siegrid (2021): *Vertrauen oder Kontrolle*. Süddeutsche Zeitung Nr. 222, 25./26.09.2021, S. 59.

Reintjes, Dominik (2023): *Wählerische Kandidaten. »Das wird Unternehmen in den nächsten fünf bis zehn Jahren wirklich zu schaffen machen«*. WirtschaftsWoche online vom 09.11.2023. Online verfügbar unter: https://www.wiwo.de/erfolg/management/waehlerische-kandidaten-das-wird-unternehmen-in-den-naechsten-fuenf-bis-zehn-jahren-wirklich-zu-schaffen-machen/29488852.html

Robertson, Brian J. (2015): *Holacracy: The New Management System for a Rapidly Changing World*. Henry Holt&Company.

Rockstedt, Marcel (2006): *Die Erfolgsstrategie von Toyota*. Diplomica.

Saaman, Wolfgang (1990): *Effizient führen*. Gabler.

Schaffer, Robert H. (1988): *The Breakthrough Strategy. Using Short Term Success To Build The High Performance Organization*. Ballinger Publishing Company.

Schein, Edgar H. (2004): *Organizational Culture and Leadership*. Jossey-Bass.

Schwenker, Burkhard (2008): *Re:think CEO. Strategisch denken, mutiger führen*. Roland Berger/Brunomedia.

Senge, Peter (1990): *The Fifth Discipline. The Art And Practice Of The Learning Organization.* Century Business.

Slodczyk, Katharina (2024): *Was macht eigentlich … Michael Mandel?* In: Manager Magazin 03/2024, S. 126.

Sommerlatte, Tom/Fallou, Jean Luc (2012): *Quintessenz der Vertrauensbildung. Was Sie tun müssen, um das Vertrauensklima für Innovation und Produktivität zu stärken.* Springer Gabler.

Sprenger, Reinhardt (2012): *Radikal führen*. Campus.

Sprenger, Reinhardt (2015): *Das anständige Unternehmen*. Campus.

Telser, Franziska (2023): *Wie die Generation Z den Arbeitsmarkt aufmischt*. Handelsblatt Nr. 159, 18./19./20. August 2023, S. 48 ff.

Ultsch, Christian (2023): *Ivan Krastev: »Putin denkt, die Zeit arbeitet für ihn«*. Die Presse vom 04.07.2023. Online verfügbar unter: https://www.diepresse.com/13438868/ivan-krastev-putin-denkt-die-zeit-arbeitet-fuer-ihn

Watzlawik, Paul (1967): *Pragmatics of Human Communication. A Study of Interactional Patterns, Pathologies, and Paradoxes*. W. W. Norton & Company.

Weber, Max (2006): *Wirtschaft und Gesellschaft*. Voltmedia. [Es handelt sich bei dieser Quelle um einen Nachdruck der Erstausgaben von 1922 bis 1923.]

Welch, Jack/Byrne, John A. (2003): *Jack: Straight from the Gut*. Grand Central Publishing.

White, Sarah K. (2023): *Was ist ESG? Computerwoche*. Online verfügbar unter: https://www.computerwoche.de/a/was-ist-esg,3613073

Zehnder, Egon P. S. (1980): *Führung mit Fairness.* Nachdruck der Veröffentlichung in der FAZ vom 10. März 1982. In: Zehnder, Egon P. S.: *Der Weg zur Spitze. Band II.* Egon Zehnder International GmbH. S. 9–14.

Zehnder, Egon P. S. (1980): *Manager mit Privatleben?* Nachdruck der Veröffentlichung in der FAZ vom 11. März 1981. In: Zehnder, Egon P. S.: *Der Weg zur Spitze. Band I.* Egon Zehnder International GmbH. S. 29–34.

Zehnder, Egon P. S. (1982): *Mut zur Unpopularität.* Nachdruck der Veröffentlichung in der FAZ vom 19. Oktober 1982. In: Zehnder, Egon P. S.: *Der Weg zur Spitze. Band II.*, Egon Zehnder International GmbH. S. 44–48.

Zehnder, Egon P. S. (1984): *Mut zum Vertrauen.* Nachdruck der Veröffentlichung in der FAZ vom 13. Juli 1984. Egon Zehnder International GmbH. In: Zehnder, Egon P. S.: *Der Weg zur Spitze. Band IV.* Egon Zehnder International GmbH. S. 1–7.

Zehnder, Egon P. S. (1984): *Regeln für Mächtige*. Nachdruck der Veröffentlichung in der FAZ vom 8. September 1983. Egon Zehnder International GmbH. In: Zehnder, Egon P. S.: *Der Weg zur Spitze. Band III*. Egon Zehnder International GmbH. S. 17–22.

Zehnder, Egon P. S. (1984): *Sich verständlich machen*. Nachdruck der Veröffentlichung in der FAZ vom 21. Juli 1983. Egon Zehnder International GmbH. In: Zehnder, Egon P. S.: *Der Weg zur Spitze. Band III*. Egon Zehnder International GmbH. S. 11–16.

Zehnder, Egon P. S. (1984): *Unternehmer-Pilot*. Nachdruck der Veröffentlichung in der FAZ vom 6. März 1984. Egon Zehnder International GmbH. In: Zehnder, Egon P. S.: *Der Weg zur Spitze. Band III*. Egon Zehnder International GmbH. S. 45–49.

Zehnder, Egon P. S. (1980): *Mut als Merkmal des guten Managers*. Nachdruck der Veröffentlichung in der FAZ vom 10. November 1980. In: Zehnder, Egon P. S.: *Der Weg zur Spitze. Band I.* Egon Zehnder International GmbH. S. 7–12.

Zeit Online/dpa (2023): *Generation Z und Arbeitsmarkt – Was wollen die Jungen?* Meldung vom 02.08.2023. Online verfügbar unter: https://www.zeit.de/news/2023-08/02/generation-z-und-arbeitsmarkt-was-wollen-die-jungen

Zenjob (2022): *Gen-Z-Studie 2022: Das wünschen sich junge Arbeitnehmer*innen von ihrem Job*. Online verfügbar unter: https://www.zenjob.com/de/ressourcen/gen-z-studie-2022/

Stichwortverzeichnis

A

Action-Centered Leadership 49
Arbeitsortflexibilität 17

B

Best Output Leadership 158

C

Compliance 61
Corporate Governance 61

D

Development Team 138

E

emotionale Reife
- Führung 51

Enablement Coaches 158
erfolgversprechende Führung 57
ESG 60
Executives
- Merkmale 21

F

Fairness 78
Frameworks 133, 135
- Verantwortungsführung 147

Führung 27, 29
- Definition 31
- direkte 137
- disziplinarische 137
- Entscheidungen 71
- Entscheidungsgrundlagendefizit 72
- fehlendes Vertrauen 42
- funktionale 137
- indirekte 137
- kooperative 47
- Mut 62
- Nachwuchs heranführen 142
- neue Rollen 137
- personenbezogenes Vertrauen 43
- Systemvertrauen 43
- Vertrauen 41
- Vertrauensbildung 44
- Wertegerüst 57

Führungsgespräche 85
Führungsverantwortung
- Aufträge 141
- Definition 140
- Ergebnisverantwortung 141
- Ermöglichungsverantwortung 141
- notwendiges Eingreifen 141

Führungsverhalten 24
Führungsverständnis 19
- einheitliches 32
- Grüner-Tisch-Syndrom 35
- Menschenbild 34
- objektive Kriterien 24
- Tagesgeschäft 37

Fürsorge
- Check-ins 158
- Enablement Coaches 158
- Verantwortungsführung 157

G

Generation Y 14
Generation Z 14
- Arbeitsortflexibilität 14
- Arbeitszeitflexibilität 14
- Ghosting 15
- Nachhaltigkeit 16
- Unternehmenszweck 16
- Work-Life-Balance 14, 66

H

Holokaratie 50
Homeoffice 17

I

Informationsflut 72 ff.
Informationskosten 53
Innovationsmanagement 145

K

Kaizen 69
Karrierewege
- Beispiele 156
- Expertenkarriere 154

- Projektkarriere 154
- Verantwortungsführung 154

Kommunikation
- aktives Zuhören 77
- empathische 74, 76
- individuelle 76
- klare 74
- offene 73
- Rückmeldung 76

kooperative Arbeitsformen 49
- Toyota 49
- Volvo 50

kooperative Führung 47
- emotionale Reife 51
- Holokratie 50

kooperative Organisation 53
Kulturbildung 58
Kundenperspektive 68, 70
- Innovatoren 70
- Kaizen 69

künstliche Intelligenz 160

L

Leader 27
Leadership 27 ff.
- Initiative 30
- Sense of Urgency 30
- Vision 30
- Vorausdenken 30
- Vorausgehen 30

M

Management 27 ff.
- Definition 31
- Resultatorientierung 22
- Wirksamkeit 22

Matrixorganisation 134

N

New Work 11, 17, 66, 131
- Digitalisierung 77
- Kommunikation 75

Nichtkooperation 54

O

Outcome 159
Output 159

P

Personalentwicklung
- Führungsverständnis 149
- Mentoring 152
- neue Aufgaben 148
- Problembewusstsein 149
- Qualifizierung 152
- Verantwortungsfähigkeit 152
- Verbindlichkeit der Führungskräfte 150
- Verbindlichkeit des Nachwuchses 151
- Vertrauensklima 151

Purpose 68

S

Scrum 135
- Development Team 138
- Rollen 139

Servant Leader 139

T

Teal 11, 159
Team 47
- Erfolgsfaktoren 48
- Team Leader 48

Transaktionskosten 53

V

Verantwortungsfähigkeit
- Fähigkeiten der Führungskräfte 153
- Personalentwicklung 152

Verantwortungsführung 137
- Ergebnisverantwortung 157
- Experimentierraum 146
- Fähigkeiten 153
- Frameworks 147
- Fürsorge 157
- Karrierewege 154
- Output vs. Outcome 159

Vertrauen
- fehlendes 42
- Führung 41
- personenbezogenes 43
- Systemvertrauen 43
- Vertrauensbildung 44
- Vertrauenskaskaden 44
- Vertrauenskultur 46

Vertrauensbildung 44
- Faktoren 45

Vertrauensforschung 41
VUCA-Welt 71

W

Wertegerüst
- Anstand 81
- Compliance 61
- Corporate Governance 61
- empathische Kommunikation 74
- Entscheiden 71
- ESG 60
- Fairness 78
- formales 59
- Führungskultur 57
- Kundenperspektive 68
- Mut 62
- offene Kommunikation 73
- Purpose 68
- Rückmeldung 76
- Work-Life-Balance 65

Work-Life-Balance 66

Der Autor

Thorsten Knobbe (*1970) ist Leadership- und Karriereberater, Texter und Hochschuldozent.

Nach seiner Promotion im Schnittpunkt von Wirtschaft, Kommunikation und Profisport begann er seine berufliche Laufbahn in Düsseldorf als Personalberater bei den PMM (Peat Marwick Mitchell) Management Consultants, seinerzeit die weltweit agierende mit KPMG assoziierte Personalberatungsgesellschaft. Er war zudem als Senior Adviser mit Coaching-Fokus für Arthur D. Little aktiv.

Mit der Gründung und Leitung von Leaderspoint sammelte er erste eigene Führungserfahrung.

Heute koordiniert er als Managing Partner und Geschäftsführer den interdisziplinären Verbund The Acornpark Leaderspoint Associates und unterstützt Unternehmen sowie Einzelpersonen in Führungs- und Karrierefragen. Zudem ist er als Dozent für Personal und Leadership an der IU, Campus Dortmund tätig.

Kontakt: www.acornpark.de

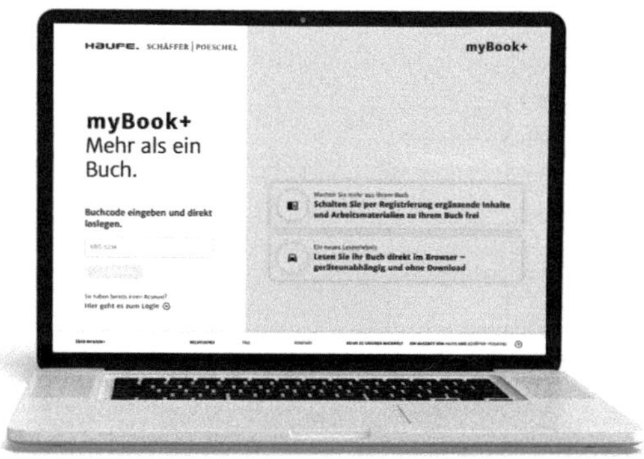
HAUFE. SCHÄFFER | POESCHEL
myBook+
myBook+
Mehr als ein Buch.
Buchcode eingeben und direkt loslegen.
Schalten Sie per Registrierung ergänzende Inhalte und Arbeitsmaterialien zu Ihrem Buch frei
Lesen Sie Ihr Buch direkt im Browser – geräteunabhängig und ohne Download